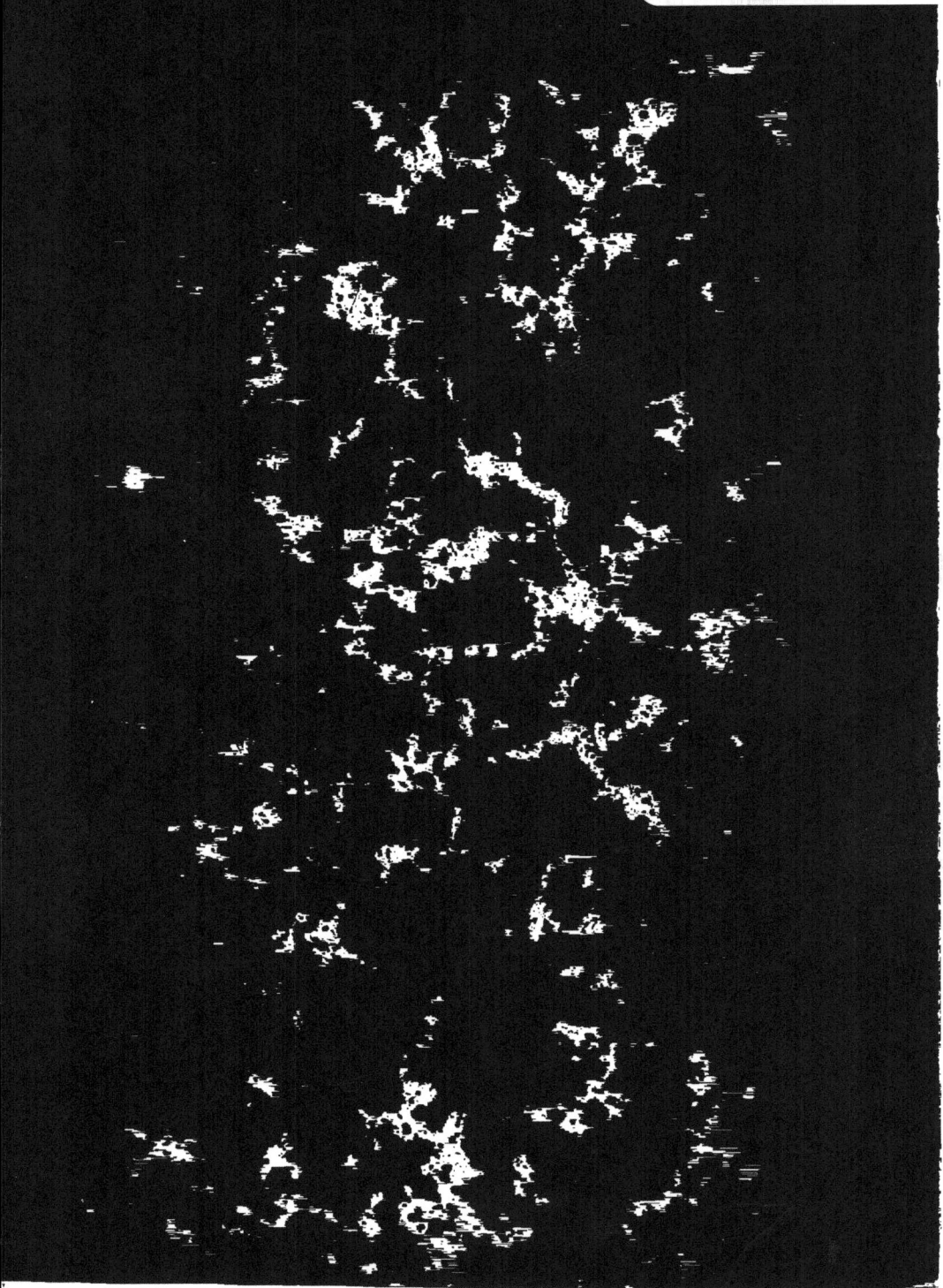

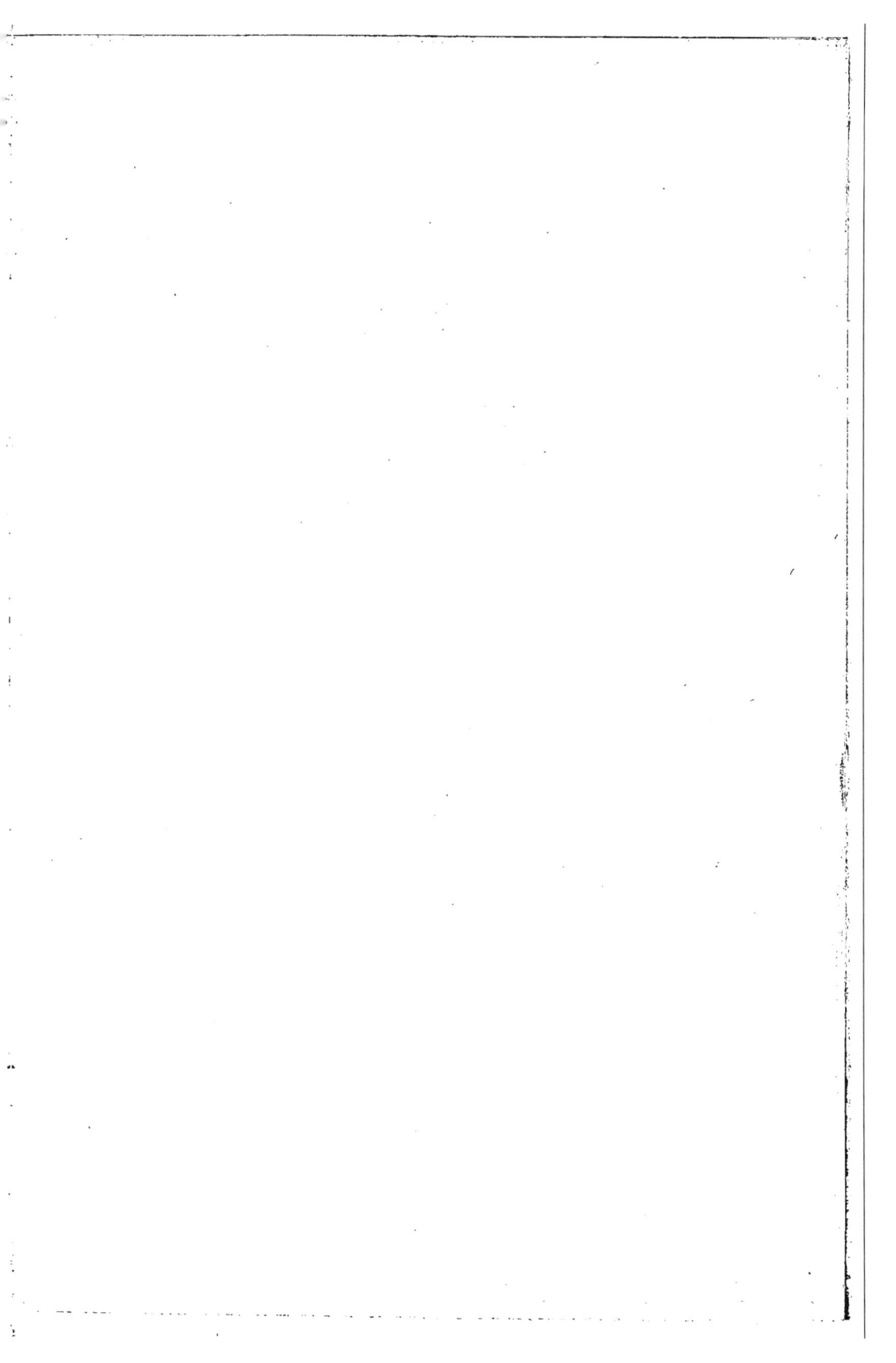

27344

ANATOMIE

DU

SYSTÈME VASCULAIRE DES CRYPTOGAMES VASCULAIRES

DE FRANCE

PAR

H. FRÉMINEAU

DOCTEUR EN MÉDECINE ET EN CHIRURGIE,

DOCTEUR ÈS-SCIENCES NATURELLES,

PHARMACIEN DE PREMIÈRE CLASSE.

ANCIEN INTERNE DES HÔPITAUX, LAURÉAT DE L'ÉCOLE PRATIQUE.

MEMBRE DE LA SOCIÉTÉ BOTANIQUE DE FRANCE.

PARIS

F. SAVY, LIBRAIRE-ÉDITEUR

24, RUE HAUTEFEUILLE, 24

—

1868

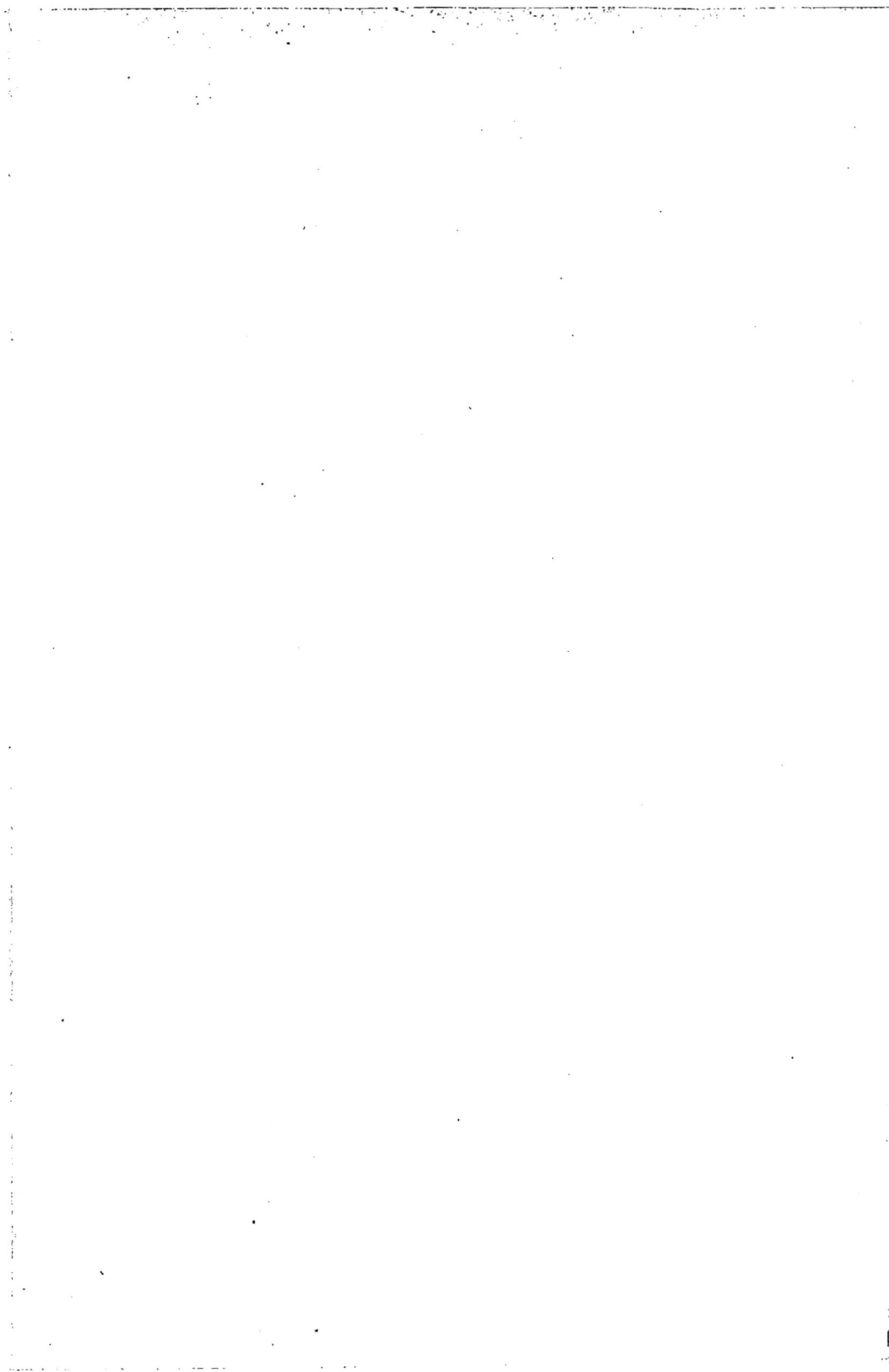

AVERTISSEMENT.

Nous joignons à la présentation de ce travail la collection des préparations qui ont servi, soit à exécuter les dessins, soit à faire l'anatomie des vaisseaux que nous nous proposons de décrire.

Toutes les figures qui accompagnent cet exposé ont été dessinées à la chambre claire, quel que soit le grossissement, sur des préparations types, puis elles ont été réduites au pantographe aux proportions voulues ; leur ressemblance et la proportion des parties entre elles doivent donc être parfaitement exactes.

Toutes les préparations ont été examinées en moyenne aux grossissements de $\frac{450}{1}$ et $\frac{650}{1}$, pour certaines parties qui pouvaient donner du doute à cause de leur extrême petitesse (trachées d'Equisetum, formes spéciales des vaisseaux propres aux Equisetum); nous avons employé des grossissements de $\frac{900}{1}$ à $\frac{1500}{1}$, immersion de M. Hartenach, qui nous a rendu un grand service pour élucider les points douteux de structure, surtout sur les préparations obtenues par ce procédé chimique, qui nous a fait décou-

vrir ou vérifier des faits très-curieux et de la plus
grande importance physiologique. Voici en quoi
consiste ce procédé qui, du reste, est bien connu de
tous les botanistes qui ont l'habitude des dissections
végétales :

Après avoir obtenu une coupe mince (et le meilleur
microtome nous a paru celui inventé par l'un de nos
excellents collègues, M. Rivet), on fait bouillir la préparation soit dans une capsule de platine, soit sur la
lame porte-objet, dans un mélange d'acide azotique
et de chlorate de potasse, et mieux encore de chlo-
rure de calcium ; le chlore naissant dissout ou
pâlit, suivant que l'on prolonge l'ébullition, tous
les tissus, excepté les vaisseaux qui restent ; on lave
la préparation, on l'éponge au papier à filtrer, puis
on la place dans une goutte de glycérine ; on chauffe
la préparation ; la glycérine la pénètre et lui donne
une transparence parfaite, de sorte qu'aucun détail
ne peut échapper à l'observateur. C'est ainsi que
nous avons constaté la présence des trachées dans
toute la série des Filicinées, — présence niée encore
par presque tous les botanistes. La potasse produit
un effet analogue dans certaines circonstances ; toutes nos préparations sont en partie obtenues par ce
procédé.

INTRODUCTION.

« La biotaxie (βίος, τάξις) est une des branches de la
« biologie; c'est une science qui a pour sujet les êtres
« organisés considérés à l'état statique (en tant qu'aptes
« à agir) et pour objet ou but la coordination hiérar-
« chique de tous les organismes connus en une série
« générale destinée ensuite à servir de base indispen-
« sable à l'ensemble des spéculations biologiques. —
« La biotaxie repose donc essentiellement sur l'anato-
« mie, elle la suppose connue au moins quant aux faits
« les plus généraux; elle s'appuie sur la connaissance
« des parties extérieures ou anatomie extérieure ou
« morphologique; la physiologie s'appuie, au contraire,
« en particulier sur l'anatomie intérieure ou anatomie
« proprement dite. De même qu'à toute disposition
« de structure anatomique d'un organe ou d'un appa-
« reil se trouve liée, d'une manière immédiate, une
« action physiologique correspondante, de même, au
« point de vue anatomique, s'observe une corrélation
« constante entre les parties extérieures et les parties
« intérieures d'un végétal : c'est cette corrélation entre
« ces deux ordres de parties, fournie par les études
« anatomiques, qui est la condition d'existence de la
« biotaxie (ou taxonomie) et la rend possible. Cette
« corrélation est telle que la disposition anatomique
« des parties internes se traduit au dehors par la dis-
« position des parties externes et réciproquement. Donc

« l'ensemble de l'organisation interne se traduisant
« au dehors par l'ensemble des organes extérieurs,
« étant donné un être vivant, connu anatomiquement,
« on peut conclure de son organisation profonde à celle
« d'un être non disséqué qui lui ressemble extérieure-
« ment; on sera porté à le placer à côté du premier :
« d'où la formation des groupes naturels. La formation
« des groupes naturels consiste donc à saisir entre des
« espèces plus ou moins nombreuses un tel ensemble
« de caractères analogues et essentiels que, malgré
« leur différence caractéristique, les êtres appartenant
« à une même catégorie soient toujours en réalité plus
« semblables entre eux qu'à aucun des êtres d'un autre
« groupe. » (M. Robin, *Résumé.*)

C'est donc en étudiant la corrélation qui existe entre
les formes extérieures et l'anatomie du système vasculaire, un des systèmes anatomiques les plus importants
dans le végétal, que nous avons voulu vérifier si les
lois fondamentales qui régissent la biotaxie étaient
applicables à ce groupe plus qu'à aucun autre, ce que
nous avons constaté, comme le prouveront les faits ex-
posés. Nous étudierons donc les caractères propres à
toutes les Filicinées quant au système vasculaire, puis
les caractères propres à chaque famille, tribu, etc., et, s'il
est possible, vérifiant ainsi si l'agencement anatomique
d'un système donné entraîne avec lui et toujours un
agencement relatif des autres systèmes organiques, et
si, d'après la structure anatomique, on peut établir,
comme en zoologie, des lois qui permettent de classer,
à l'aide des caractères anatomiques, les êtres en série
successive et concordante; enfin si les lois de la biotaxie se trouvent pouvoir être aussi rigoureusement
appliquées en botanique qu'en zoologie.

ANATOMIE

DU

SYSTÈME VASCULAIRE DES CRYPTOGAMES VASCULAIRES

DE FRANCE.

CARACTÈRES GÉNÉRAUX

DU

SYSTÈME VASCULAIRE DES CRYPTOGAMES VASCULAIRES.

Toutes les plantes qui appartiennent à l'embranchement des Cryptogames vasculaires ont pour caractère d'être *Acrogènes*, c'est-à dire d'avoir un accroissement longitudinal prédominant sur l'accroissement en diamètre.

Dans l'embranchement des Acrogènes, on trouve, comme on le sait, une série successive d'êtres d'abord n'ayant point de vaisseaux, *Hépatiques,* puis un petit nombre qui, malgré l'absence de vaisseaux, ont déjà dans le centre de leurs tiges et de leurs feuilles des groupes de cellules allongées et étroites, se réunissant en un corps central qui est l'ébauche d'un système fibro-vasculaire, les *Mussinées.* Ces deux formes d'orga-

nismes constituent une partie des Cryptogames non
vasculaires; enfin le second groupe est formé par les
cryptogames dans lesquels apparaissent des vaisseaux
proprement dits (Cryptogames vasculaires). C'est ce
second groupe dont nous nous sommes proposé de faire
l'analyse et l'étude de la structure des vaisseaux.

Dans cet embranchement, pas plus que dans d'autres
points de la série des êtres, il n'y a d'organisation inférieure ou supérieure, comme l'ont prétendu quelques
esprits peu philosophiques. — Chaque être est supérieur
en lui-même; il a reçu une organisation propre à vivre
dans le milieu où il est né, propre à remplir des fonctions qui sont en rapport avec sa structure, par conséquent pourvu d'attributs biologiques qui ne seraient
point compatibles avec un autre milieu et une autre
structure. — Ce sont donc des êtres parfaits, supérieurs
dans le milieu qu'ils occupent, et en botanique, pas
plus qu'en zoologie, on ne doit admettre la division des
êtres en supérieurs et en inférieurs. — Un organisme
peut être plus ou moins complexe, mais il est toujours
parfait pour le milieu où il est appelé à vivre, milieu
qui ne pourrait être remplacé pour lui par aucun autre
appartenant à un organisme plus compliqué.

Ce n'est que dans la seconde classe des *Acrogènes*,
les *Filicinées*, qu'apparaissent les organes auxquels on
puisse véritablement donner le nom de vaisseaux; mais,
en même temps que l'organisme se complique de la
présence de vaisseaux variables de nombre, de forme,
tous ces êtres ont un premier mode de manifestation
intermédiaire, une métamorphose qui leur est propre.
C'est dans leur première jeunesse la formation d'un
prothallium, différent de celui des autres cryptogames,
sur lequel doivent apparaître les organes de la repro-

duction (*Anthéridies*, *Archégones*), tandis que la plante adulte et parfaite est dépourvue de ces mêmes organes et n'a que des *spiranges* qui ne contiennent que des *spires* qui se métamorphoseront en *prothallium*, *Génophores* (γενός), de quelques auteurs.

Ainsi donc, en même temps qu'apparaît un système vasculaire, en même temps aussi un organe propre à cette famille, le prothallium, organe qui, malgré qu'il existe également dans les autres Acrogènes non vasculaires, a cependant une forme plus spéciale à ce groupe.

Ce *prothallium*, dont la forme peut être foliacée, oblongue, spatulée, etc., qui peut porter les deux sexes à la fois ou un seul, ne présente jamais de vaisseaux ni de traces analogues à un système de vaisseaux, malgré que la plante mère en soit pourvue. Mais, dès que la fécondation a eu lieu, que la nouvelle plante s'est développée, alors apparaissent tous les caractères d'un système de vaisseaux.

On trouve encore une époque intermédiaire entre l'apparition du premier vaisseau et le développement complet du système. Ainsi, prenons pour exemple une Fougère, le *Polystichum thelypteris* : la première année, la jeune plante aura un système vasculaire incomplet, elle aura une trachée centrale et quelquefois un vaisseau annulaire ; la seconde année, sur le premier rejet qui formera la plante de deuxième année, apparaîtront au centre de ce bourgeon les cellules vasculaires, puis dans la jeune plante les vaisseaux qu'elle devra posséder toute la vie.

Ainsi donc, apparition d'un *prothallium* non vasculaire, différent de celui des autres Cryptogames ; puis, après la fécondation, apparition d'une plante semblable à la plante mère, pourvue d'un système vasculaire incomplet d'abord, puis complet; tels sont les caractères généraux propres à l'embranchement dont nous allons tâcher d'esquisser l'anatomie des vaisseaux, curieux par des différences de structure, de développement, qui lui sont propres et ne se retrouvent point dans les Phanérogames d'une manière aussi constante.

PLAN DE L'EXPOSÉ ANATOMIQUE.

Nous avions d'abord conçu ce travail d'une manière différente de celle que nous avons adoptée de préférence ici.

Nous avions successivement pris chaque individu de chaque genre, tribu, espèce, etc., et nous en avions fait l'anatomie du système vasculaire, tiges, rhizomes, racines, feuille, sporanges, etc. Cette méthode, dans certaines familles, surtout celle des Fougères, nous avait donné pour résultat un travail d'analyse dans lequel, pour chaque individu, il y avait des caractères de nombre, de forme, de diamètre, de proportions entre eux, des vaisseaux, qui faisaient autant de caractères, on peut dire microscopiquement distinctifs, mais aussi nous exposait à un grand nombre de répétitions, qui rendaient le sujet aride, fastidieux dans les détails descriptifs pour celui qui le lirait. Nous avons donc préféré faire une description complète pour certains individus dont le système de vaisseaux a des caractères tellement tranchés qu'ils ne ressemblent point à ceux des autres, puis signaler l'ensemble des dispositions communes à certains groupes et les différences qui en les séparant peuvent avoir un intérêt propre, et d'un travail aride et purement descriptif en faire un travail qui embrasse d'une manière plus générale les grands ensembles de ressemblance et de différence que ces plantes peuvent présenter les unes par rapport aux autres.

ORDRE SUIVI DANS L'EXPOSÉ ANATOMIQUE.

L'analyse des systèmes organiques, en général, nous montre que la structure interne des organes des êtres doués de la vie est toujours en rapport avec leur mode de naissance et l'évolution que subit l'ovule. Plus que jamais les Filicinées nous montreront que les grandes lois de la biotaxie tirées de la structure des systèmes sont parfaitement en rapport avec celles tirées de l'évolution.

Nous diviserons les Filicinées en deux grandes séries parallèles.

La première comprendra les Cryptogames vasculaires ayant un sporange contenant ensemble ou séparément *deux* organes dont un seul des deux se développera en un *prothallium* qui portera le ou les *archégones*.

La seconde comprendra les Cryptogames vasculaires ayant un *sporange* contenant un *seul* organe, la *spire* qui en se développant donnera un *prothallium* qui portera séparés ou réunis les *anthéridies, archégones (monoïques* ou *dioïques)*.

Dans la première série, caractères bien différents, les *anthéridies* sous forme de *microspores* ne subissent aucune métamorphose ; la *macrospore* seule doit former le prothallium.

Dans la seconde série *anthéridies* et *archégones* ne se développent qu'après la métamorphose d'un organe tout différent d'origine, de structure, de développement, la *spire* en prothallium.

On a donc là deux groupes tranchés dont l'évolution bien différente permet de classer dans le premier groupe les Isoétées, les Salviniacées, les Marsiléacées *qui ont le minimum de développement vasculaire,* les Lycopodiacées *qui en ont le maximum ;* dans le deuxième, les Équisétacées *qui ont le minimum de développement vasculaire ;* les Fougères *qui en ont le maximum.*

Le tableau suivant fera ressortir tout ce qu'il y a de saillant dans cette division naturelle et le parallélisme qui existe entre le degré de complexité du développement embryologique et du développement des systèmes organiques, dont, pour le moment, nous ne ferons l'étude que d'un, le système vasculaire.

Série parallèle entre le développement des organes de reproduction et le développement du système vasculaire.

SPORANGE

Contenant ensemble ou séparément deux organes dont..... (un seul des deux organes se développe en prothallium.)

- **1.** Microspores (*anthéridies*) sans métamorphose.
- **2.** Macrospores (*prothallium, archégones*) métamorphose.

  - Isoétées.
  - Salvinacées.
  - Marsiléacées.

    a. Minimum de développement du système vasculaire.

  - Lycopodiacées.

    b. Maximum de développement du système vasculaire.

Contenant un seul organe. (Spire unique, se développant en..... Prothallium qui porte l'un ou les deux à la fois (*anthéridies, archégones*).)

  - Équisétacées.

    a. Minimum de développement du système vasculaire.

  - Fougères.

    b. Maximum de développement du système vasculaire.

C'est donc d'après ce mode de division que nous allons procéder dans l'étude du système vasculaire.

Système vasculaire des Filicinées ayant pour origine de développement un seul organe se développant en *prothallium (macrospore)*, qui portera le ou les *archégones*, la *microspore (anthéridie)* ne subissant point de métamorphose intermédiaire (*point de prothallium*).

1° Minimum du développement des vaisseaux
- Isoétées.
- Salviniacées.
- Marsiléacées.

2° Maximum du développement des vaisseaux   Lycopodiacées.

Isoétées (ISOÈTES, *L. Gen.*, 1184, Bich. Ord. 16).

Les *Isoétées* sont des plantes d'une structure très-simple au milieu d'un tissu cellulaire à grandes mailles ayant la forme d'un quadrilatère allongé, recouvert par un épiderme à mailles étroites, pourvu de stomates semblables à ceux de la Pilulaire : on trouve de trois à six rangées de vaisseaux en procédant du centre à la circonférence. Ce sont d'abord des trachées, puis deux ordres de vaisseaux annelés (pl. I, fig. 1).

Les trachées sont unispiralées, la spire est très-fortement accentuée; chaque tour s'éloigne beaucoup du précédent; elles ont de $0^{mm}0050$ à $0^{mm}01$ suivant les dimensions de la plante (pl. I, fig. 2, 3) et sont parfaitement déroulables.

Les vaisseaux annelés, situés plus en dehors, sont de deux sortes. Les plus intérieurs ont leurs parois formées par une membrane qui paraît légèrement striée ou plissée sur sa longueur, et qui, rentrant en dedans entre chaque anneau, ressemble à un sablier (pl. I, fig. 4); chaque anneau est séparé du suivant de $0^{mm}05$ à $0^{mm}06$ et paraît très-fragile.

Les vaisseaux annelés, situés en dehors des précédents, ont au contraire leur membrane limitante très-régulière; les anneaux sont rapprochés les uns des autres, ils ont à peu près le même diamètre que les trachées.

Les vaisseaux à anneaux très-distancés, à parois rentrantes, dans l'intervalle des annelures, sont donc des vaisseaux qui caractérisent les Isoëtes; ils ont un diamètre et une forme différents de ceux analogues que l'on rencontrera dans les *Equisetum*.

Dans le centre du rhizome globuleux des isoëtes on trouve des trachées quatre fois plus larges que celles des tiges; les vaisseaux annelés y sont nombreux et volumineux; les uns et les autres commencent par être des cellules fusiformes très-courtes.

Le mode de végétation, le milieu où vivent les Isoëtes, n'ont aucune influence sur la structure de leur système vasculaire. Nous avons toujours trouvé la même disposition des vaisseaux partout. Dans les jeunes Isoëtes le premier vaisseau qui se forme est une trachée comme toujours dans tout le règne végétal. La terminaison des vaisseaux a lieu dans les extrémités de ces végétaux, soit en pointe mousse, soit en forme de dé à coudre. Examinons maintenant en détail chacune des parties et analysons les différences qui s'y rencontrent.

Dans les racines on ne rencontre plus que deux ou trois vaisseaux annelés, très-volumineux par rapport au diamètre de la racine, qui ne sont point entourés d'une zone fibreuse, et la trachée que l'on trouve dans le tout jeune âge semble avoir été atrophiée au contact des vaisseaux annelés. Nous verrons ce phénomène se produire encore dans les Equisetum et toujours au contact des vaisseaux annelés.

Le rhizome subglobuleux présente une structure fort remarquable : au centre d'un tissu blanc contenant dans les cellules une quantité considérable de grains d'aleurone, se trouve un centre jaune, translucide ; ce centre est exclusivement composé de cellules annelées (pl. I, fig. 6), ayant une forme lagénique ; leur surface est marquée d'annelures énormes, elles ont en moyenne $0^{mm}01$ sur $0^{mm}033$; elles sont fortement colorées en brun, réunies entre elles par une matière amorphe, unissante, gélatiniforme, qui jaunit sous l'influence de l'acide azotique et paraît azotée ; elle est translucide et semble empâter les cellules vasculaires. Le sommet d'un très-grand nombre de ces cellules paraît être l'origine des vaisseaux des Isoëtes, vaisseaux qui au commencement de la tige conservent le même caractère d'avoir des annelures énormes se touchant, colorées en jaune, mais qui s'écartent un peu et deviennent plus étroites quand le vaisseau passe dans le centre de la tige ; il y a là une organisation toute différente de ce que nous observerons plus tard dans les mêmes circonstances, et qui est tout spécial aux Isoëtes.

Comme les tiges, les racines reçoivent des vaisseaux qui participent des mêmes caractères, épaisseur et coloration des annelures ; mais, tandis que le caractère diminue à mesure que l'on s'élève dans la tige, il persiste bien plus longtemps dans le trajet de la racine. Nous avons observé un certain nombre de ces cellules qui, avant de devenir annelées, sont d'abord réticulées ; c'est

qu'en effet en suivant la genèse des vaisseaux annelés
(genèse des vaisseaux, travail que nous espérons avoir
bientôt achevé), on voit que les cellules vasculaires qui
leur servent de point de départ ont leurs anneaux
d'abord soudés en différents points qui forment les
mailles d'un si riche aspect, et que ce n'est que quand
le développement de la cellule vasculaire est complet
qu'a lieu la segmentation entière de la matière qui doit
former des anneaux complets ou des spiro-annelures,
dernières traces des adhérences que nous venons de
mentionner. Ce fait de segmentation, assez fréquent
dans la manière dont se dispose la matière organique
dans le règne végétal, est de presque tous les moments
dans la matière organique du règne animal ; les trachées ne se rencontrent que dans les très-jeunes *Isoëtes*,
mais, dès que les vaisseaux annelés apparaissent, elles
disparaissent et ne se retrouvent plus dans la plante
adulte. Nous verrons le même phénomène se produire
dans les *Equisetum*.

Les vaisseaux annelés présentent des formes différentes suivant les points où on les examine; entre ceux
qui sont en dehors et ceux qui sont vers le centre on
en trouve deux dont les anneaux sont à la distance de
$0^{mm}02$ à $0^{mm}03$, pl. I, fig. 4, et qui semblent en voie de
disparition. Ceux, au contraire, qui sont persistants
forment tantôt des anneaux entiers, tantôt des anneaux
spiralés, tantôt adhérents entre eux en un seul point,
pl. I, fig. 5.

Le *Sporocarpe* a été pour nous l'objet d'une étude
très-minutieuse : autour de sa cavité existe une zone
légèrement brunâtre, pl. I, fig. 6, qui se termine supé-
rieurement en bec allongé, *ligule;* toute cette masse
brune n'est constituée que par des cellules vasculaires

2

spiralées, et le bec est formé par d'énormes trachées magnifiquement déroulables qui se terminent en cul-de-sac, là où cesse la coloration brune. Cet ensemble d'organes, disposés différemment suivant les Filicinées que l'on étudie, se retrouve dans toute la série au voisinage des organes de reproduction et des grands centres de vitalité. Ces cellules, à leur face supérieure, ne sont recouvertes que par une mince couche du tissu cellulaire et l'épiderme; en arrière elles sont recouvertes par tout le tissu qui va jusqu'à la nervure de la fronde. C'est dans cette nervure que se trouvent les vaisseaux annelés, qui, partant du bulbe, passent en arrière de ce groupe de cellules, pour gagner la nervure sans se mêler avec elle; puis, suivant la distribution de ces cellules vasculaires, on voit qu'elles contournent d'abord la partie inférieure du *Sporocarpe,* puis se dirigent sur ses parties latérales de manière à lui former un anneau, sans pénétrer dans le *velum* de manière à n'occuper que l'*area,* puis, après avoir complété leur cercle en envoyant un petit nombre de cellules dans la petite écaille que l'on appelle *ligule,* ces cellules se réunissent, deviennent plus longues et plus parallèles, et, se dirigeant du côté de la face convexe de la feuille, vont former un ou plusieurs faisceaux au centre de la tige, tandis que sur les côtés apparaissent les grandes lacunes. De ce faisceau partent les cloisons celluleuses. Autour des vaisseaux se trouvent quelques éléments fibreux très-souples et très-pâles.

Les caractères que nous venons de mentionner ont été tirés de l'analyse des *Isoetes-Hystrix*, donnée par M. Roze, et de l'*Isoetes lacustris*, donnée par M. Verlot. Nous avons examiné successivement les autres espèces: M. I. *tenuissima*, M. I. *adspersa*, M. I. *setacea*, M. I. *Ma-*

linvernia, l. F. *septentrionalis*. Nous n'avons trouvé que
des différences très-secondaires dans la structure de
leur système de vaisseaux. Les caractères anatomiques paraissent constants sous ce rapport dans cette
famille; seulement, il n'y a rien de beau comme de
voir les grosses cellules vasculaires qui entourent
l'énorme sporange de 11 millimètres du l. I. *Malinver-
niana*; les cellules vasculaires ont jusqu'à 0^{mm} 09 et les
vaisseaux ont jusqu'à 0^{mm} 03.

Salviniacées (MICHEL, *Gen.*, 107, 18).

La famille des Salviniacées comprend les genres
Azolla et Salvinia; ce sont des plantes flottantes sur les
eaux tranquilles. En France nous n'avons que le *Salvinia natans;* on le rencontre encore en Italie, en Allemagne, dans l'Amérique méridionale (Chili, Brésil,
Pérou).

Celui que l'on peut se procurer le plus facilement,
S. natans, se trouve dans les eaux stagnantes près de
Bordeaux à l'allée Boutant G. G. Le moment où on peut
le mieux étudier sa structure vasculaire est le mois de
juillet, où il est en plein développement.

L'étude du système vasculaire du *Salvina natans* est
assez difficile : pour bien se rendre compte de la disposition des vaisseaux, sur une coupe passant par la tige
ascendante et les petits rameaux qui portent les sporocarpes, à l'endroit même où naissent les raimes flottantes, on voit un groupe de cellules vasculaires, fig. 3,
pl. I, que l'on n'obtient nettement qu'en débarrassant
la plante de la matière colorante par le chlore naissant.
Ces cellules sont très-allongées et forment un centre,

dont une extrémité se dirige vers la tigette ascendante et la tige qui porte les *Sporocarpes*. Ces cellules sont spiralées et surtout annelées; elles sont entourées d'un tissu cellulaire assez lâche, et ce n'est que vers leur extrémité que commencent les cellules allongées du tissu fibro-vasculaire. Ces cellules ont $0^{mm}01$ sur $0^{mm}07$ à $0^{m}01$; elles sont parfaitement apparentes et sont situées, comme on peut l'observer, bien près des sporocarpes, sur lesquels nous avons pu les suivre. Dans le sporocarpe les vaisseaux se comportent de la manière suivante : composés exclusivement de petites trachées et de cellules spiralées, un faisceau suit chaque cannelure du sporocarpe, non pas à sa surface, comme nous le verrons pour les *Ophioglossées*, mais sur la surface extérieure de la membrane celluleuse qui recouvre la cavité du sporange; quelques-unes s'arrêtent au niveau du tissu qui forme l'espèce de placenta central qui supporte les spores, sans pénétrer dans le tissu.

Dans le faisceau fibro-vasculaire de la tige il devient d'une extrême difficulté de découvrir les deux ordres de vaisseaux qui s'y trouvent.

Sur de très-jeunes *Salvinia*, au mois de mai, il est très-facile de voir au centre même de la tigette une petite trachée (pl. I, fig. 10) très-délicate. Au point où la plante est sortie du prothallium, on aperçoit très-bien les premières traces des cellules vasculaires; mais, à mesure que l'on étudie la plante adulte, on s'aperçoit que la spire de la trachée devient plus allongée, de manière à ne plus laisser qu'un fil ondulé (fig. 9, pl. I). On dirait que la spire du vaisseau a été déroulée. Sur des coupes faites au mois de juillet et d'août, on reconnaît que les trachées ne sont pas les seuls vaisseaux : en dehors de ces derniers on trouve un vaisseau annelé,

mais dont les anneaux sont si éloignés qu'on croirait
au premier abord qu'il n'existe pas ; c'est une forme
analogue à l'une de celles que nous retrouverons dans
le *Marsilea*. Enfin, en étudiant la plante dans les derniers moments de son existence, de novembre à dé-
cembre, on trouve à peine quelques traces de vaisseaux.
Ils semblent s'être atrophiés complétement ; le centre seul
des cellules vasculaires persiste et le commencement de
vaisseaux que nous venons de décrire.

Dans les racines on trouve un faisceau fibreux au
centre duquel est la trachée allongée en fil onduleux,
puis, après un certain trajet, le faisceau fibreux seul
persiste et toute trace de système vasculaire a disparu.
Nous avons ici reproduit l'aspect que donne le système
vasculaire quelques jours après la naissance de la plante
et dans les deux derniers mois de sa vie (fig. 9, 10,
pl. I); la structure que nous venons d'étudier se retrouve
à chaque intersection où naissent les sporocarpes.

Pilularia G. (Lin., *Gen.*, 1185).

La *Pilularia globulifera*, L., se trouve dans tout le
nord, l'ouest et le centre de la France. On la rencontre
dans les mares peu profondes et dont le fond est surtout formé de glaise.

Le système vasculaire présente des caractères qui
sont propres à cette plante, et sa structure diffère assez
notablement des autres cryptogames pour attirer l'at-
tention des botanistes.

Sur une coupe longitudinale d'une des tiges traçantes
ou des frondes subulées de cette plante (fig. 3, pl. II),
on trouve un faisceau vasculaire unique situé au centre

de la plante, occupant un espace de $0^{mm}08$ à $0^{mm}09$. Les vaisseaux sont entourés par un tissu cellulaire à mailles longitudinales de $0^{mm}06$ sur $0^{mm}016$ au nombre de 20 à 22 rangées dans une tige adulte ; le tout recouvert par une seule couche de cellules formant l'épiderme, sur laquelle on voit des stomates de forme spéciale.

Quoique la question soit un peu en dehors du sujet que je me suis proposé de traiter dans ce travail, je demanderai la permission d'insister sur les stomates, en raison des particularités curieuses qu'ils présentent.

Dans les derniers ouvrages de botanique du plus grand mérite, on a nié l'existence des stomates dans la Pilulaire ; en effet, à première vue, ils semblent ne pas exister. En voici la raison : les stomates n'existent point sur la tige traçante ni sur les deux tiers inférieurs de la fronde. Ce n'est qu'à partir du tiers supérieur qu'ils apparaissent, rares d'abord, puis plus nombreux vers l'extrémité supérieure.

Les stomates ne sont pas non plus également répartis. Si l'on suit le développement d'une feuille aciculée de Pilulaire, on la trouve, à son début, enroulée en crosse, comme le sont les frondes des Fougères. La face dorsale de l'enroulement est un peu convexe, la face ventrale est un peu concave ; c'est de ce côté surtout que l'on trouve les stomates.

Sur une coupe très-mince, ils sont à peine perceptibles quand on laisse la chlorophylle dans la préparation ; si on chauffe celle-ci, ils deviennent tellement transparents qu'ils passent inaperçus.

Voilà donc bien des petites difficultés qui démontrent la raison pour laquelle on a refusé des stomates à la Pilulaire.

Sur une bonne préparation, prise dans le tiers supérieur de la feuille, les stomates se présentent d'autant plus rapprochés que l'on s'élève vers le sommet de la fronde; ils ont la forme d'une ellypse allongée de $0^{mm}04$ sur $0^{mm}03$ terminée de chaque côté par deux lignes qui se rencontrent à angle obtus; les deux cellules qui les forment sont remplies de chlorophylle non granuleuse, uniformément verte, laissant entre elles une ostiole longitudinale ou faiblement fusiforme. Ce mode d'organisation de la feuille subulaire de la *Pilulaire* peut donc la faire considérer plutôt comme une pétiole dont le limbe aurait avorté dans sa partie supérieure, tandis que, dans le *Marsilea quadrifolia*, ce limbe se serait développé en deux paires de deux folioles nageant au-dessus de l'eau.

Après cette petite digression, revenons à notre sujet. C'est au centre de ce tissu fort simple d'organisation qu'est situé le faisceau vasculaire. Sur une coupe transversale de la plante (pl. I, fig. 3), on constate que ce faisceau n'est point situé autour d'une moelle, comme dans les Phanérogames; les vaisseaux forment une masse centrale, accolés les uns aux autres.

On y trouve trois ordres de vaisseaux, dont la masse a de $0^{mm}08$ à $0^{mm}09$ de diamètre; au centre sont des trachées; à la périphérie des vaisseaux ponctués. Chacun de ces trois groupes de vaisseaux a des caractères qui ne se trouvent que dans cette plante (pl. I, fig. 2).

1° *Trachées*. — Les trachées occupent toute la longueur de la plante, tige, fronde, racines; les vaisseaux scalariés n'existent point dans la racine.

Dans la tige horizontale et la fronde, on trouve de trois à quatre rangées de trachées; elles ont en moyenne de $0^{mm}009$ à $0^{mm}01$ de diamètre, elles sont quelquefois uni-, mais le plus souvent tri- ou quadrispiralées. Dans les racines, on en trouve le plus souvent deux rangées unispiralées.

Suivant le point où on les examine, elles ont des caractères très-différents : dans la tige et les deux tiers inférieurs de la fronde, la spire adhère tellement à la paroi du tube, que l'on ne peut la dérouler qu'après une longue macération ; dans le tiers supérieur, au contraire, la simple pression exercée avec l'aiguille sur le couvre-objet suffit pour la faire dérouler, et là, à une faible distance de l'extrémité de la fronde, on les voit se tourner en cône fermé, comme on l'observe si nettement dans l'extrémité glanduleuse des poils de Drosera.

Dans la racine, les trachées sont réduites généralement à un couple de deux, qui, à mesure que la racine s'enfonce en terre, vont décroissant en diamètre ; les spires s'éloignent un peu, deviennent de plus en plus minces, de plus en plus transparentes, et finissent par disparaître comme les teintes d'un lavis s'effacent en teintes de plus en plus dégradées (pl. II, fig. 4). Les dernières cellules des trachées disparaissent au moment où commence le tissu de la spongiole, mais au centre on voit encore un couple ou deux de cellules plus étroites et plus allongées qui indiquent que là se continuera la genèse des trachées quand l'accroissement de l'extrémité radiculaire se fera.

Si l'on compare la genèse des trachées aux deux extrémités du végétal, on verra qu'elle est la même ; seulement, pendant que l'une se développe en longueur vers la lumière, l'autre se développe en sens inverse, cellule à cellule.

2° *Vaisseaux ponctués.* — Ce second groupe de vaisseaux est situé en dehors du précédent ; il se compose de

un à deux rangs de vaisseaux qui ont en moyenne
0^{mm} 011 de diamètre ; examinés soit après macération,
soit après les avoir comprimés même légèrement, on
commet facilement l'erreur de les prendre pour des
vaisseaux scalariés. Ils sont formés d'un tube quadrilatère à angles arrondis ; chacune des faces est couverte
de deux rangs de ponctuations ; on suit ces vaisseaux
dans la tige, les frondes, mais ils disparaissent dès
que commence la racine. Ce type semble être un
premier pas vers la forme scalariée qui viendra plus
loin.

3° *Vaisseaux annelés.* — Ce troisième groupe constitue
les vaisseaux qui sont situés entre les trachées et les
vaisseaux ponctués ; sur le même vaisseau on voit souvent des anneaux complets, d'autres reliés entre eux
par une spire : c'est le caractère commun à presque
tous les vaisseaux annelés.

Des vaisseaux que nous venons de mentionner, tous
ne se découvrent pas avec la même facilité sur l'une
des préparations dont nous avons reproduit le dessin :
les vaisseaux annelés et trachés se voient très-facile-
ment ; mais, sur la seconde, pour bien voir les vaisseaux ponctués et ne point les confondre avec des vaisseaux scalariés, il faut se mettre dans les conditions
suivantes, à cause de la transparence, de la diaphanéité
des ponctuations. Il faut se servir du n° 7, immersion
avec l'oculaire n° 1 (Nachet), et rendre la lumière un
peu oblique : alors les quatre faces se voient bien, l'arête
antérieure se dessine et les ponctuations presque ovales
des quatre faces deviennent bien apparentes ; celles de
la face postérieure, par transparence au travers de la
face antérieure, ce qui, au premier abord, tend à faire
confondre cette forme de vaisseau avec un vaisseau sca-

larié; mais la forme des arêtes, et surtout des arêtes mousses latérales, ne laisse plus aucun doute.

Ainsi donc, la forme de vaisseau propre à la Pilulaire est représentée par ces vaisseaux ponctués à quatre faces, à arêtes mousses, à ponctuations alternes et obliques, les unes par rapport aux autres.

Au point où adhère le sporocarpe se trouve une petite tige très-courte, ayant à peine un tiers de millimètre; sur des coupes successives de cette petite tigette il existe au centre une masse brune dans laquelle se rencontre un nombre bien plus considérable de vaisseaux; ceux-ci y ont acquis un diamètre beaucoup plus considérable; de courtes trachées s'y voient en très-grand nombre, et, à mesure que l'on approche du sporocarpe, on aperçoit une masse longitudinale de cellules fusiformes. Ce sont des cellules vasculaires à extrémités plus en navette, mais de même apparence, de même structure que celles que nous avons rencontrées près des sporocarpes du *Salvinia*; de ce centre part un faisceau vasculaire pour le sporocarpe, un pour le rhizome horizontal, un pour les racines, un pour la tige ascendante. On voit que ce groupe a des irradiations multiples. Dans les vaisseaux ponctués qui sont à ce niveau, les ponctuations parallèles leur donnent tout à fait l'aspect des vaisseaux scalariformes à deux rangs de stries; les angles sont plus aigus et se rapprochent encore plus des angles coupants des vaisseaux scalariés, de sorte que l'on a une véritable transition, en ce point, mieux que partout ailleurs, entre les vaisseaux ponctués et les scalariés; leur structure peut y être étudiée facilement; c'est le lieu d'élection.

Les cellules vasculaires y ont 0^{mm} 01 à 0^{mm} 012 de largeur et de longueur; en moyenne 0^{mm} 10, longueur très-considérable, relativement à la petitesse du petit pétiole du sporocarpe.

On y trouve toujours les formes variées de stries que nous avons rencontrées dans les espèces précédentes, et les passages intermédiaires d'une forme à une autre.

Le *Sporocarpe* a des particularités fort curieuses : du sommet du groupe des cellules vasculaires du petit pédicule part un faisceau fibro-vasculaire ; le tissu fibreux, en se modifiant dans la forme de ses cellules, forme l'enveloppe brune extérieure du *Sporocarpe* qui a une structure très-complexe dans le détail de laquelle nous n'avons pas à entrer, tandis que le faisceau vasculaire, riche en vaisseaux, fournit des branches qui se placent de chaque côté des placenta, dans l'épaisseur de la membrane cellulaire interne, qui se trouve située entre l'enveloppe fibreuse et les côtes des loges; ces vaisseaux sont tous spiraux et spiro-annulaires, n'envoient point de cellules vasculaires et ne se terminent point en cellules vasculaires dans les cloisons, mais finissent en bec arrondi au niveau du sommet du sporocarpe, au point où se fera la déhiscence en quatre valves.

Marsiléacées (L. *Gen.*, 1182 part.).

Les *Marsilea* sont des plantes en général de petite taille, vivant au fond des eaux stagnantes peu profondes : deux espèces existent en France, ce sont le *Marsilea quadrifolia* et le *Marsilea pubescens*. Le rhizome ressemble un peu à celui de la Pilulaire; de chaque insertion de pétiole part une petite touffe de racines; les feuilles sont croisées par deux paires. Nous allons examiner l'anatomie des vaisseaux dans ces différentes parties.

Sur une coupe transversale il existe d'abord une première couche de cellules recouvertes de cellules corticales, séparée de celle qui lui est sous-jacente par des cloisons verticales composées de deux ou trois rangs de grandes cellules transversales entre lesquelles sont les lacunes; puis vient une couche de cellules polygonales brunes, au centre desquelles un tissu plus délicat, transparent, incolore, contient les vaisseaux, pl. I, fig. 11. Ces vaisseaux sont disposés de la manière suivante : sur la coupe transversale on voit une série de vaisseaux rangés en un demi-cercle ouvert en bas, et chacune des extrémités de ce demi-cercle est terminée par un énorme vaisseau rond en dedans, mais terminé par douze petites faces en dehors; nous le décrirons à propos de la coupe verticale.

D'autres fois, et c'est le cas le plus fréquent, cela dépend du point où l'on fait la coupe, les vaisseaux forment un cercle continu autour d'un centre de grosses cellules brunes et semblables à celles de la périphérie, pl. I, fig. 11.

Sur une coupe longitudinale (pl. II, fig. 1), on trouve d'abord, au centre du faisceau, une série de trachées formant une à deux couches; celles qui sont à l'intérieur sont très-petites, les plus extérieures plus grosses; les premières ont 0^{mm} 005, les secondes ont 0^{mm} 1. Leur spire est parfaitement élastique et déroulable. Après viennent de petits vaisseaux ponctués ayant 0^{mm} 007, et sur la même ligne, à peu près, deux et quelquefois plus de ces gros vaisseaux à lumière ronde, à parois externes, présentant une douzaine de pans, avec une série régulière de ponctuations transversales; sur chaque pan les gros vaisseaux ont 0^{mm} 018. Enfin, plus en dehors, de rares vaisseaux régulièrement et nettement scalariés; ces derniers ont $0^{mm}008$ de diamètre.

On voit donc déjà apparaître, dans les Marsiléacées, de vrais vaisseaux scalariformes qui servent de passage entre le système vasculaire de ces derniers et celui des Lycopodiacées; les vaisseaux caractéristiques des Marsiléacées sont ces gros vaisseaux ponctués en série linéaire, à douze pans, qui n'existent pas dans les plantes précédentes, ni dans les suivantes, du moins sous cette forme.

Les racines ont absolument la même structure dans les radicelles; il n'y a plus que deux trachées encore contenues dans un faisceau fibreux.

La proportion des vaisseaux varie avec l'âge; dans les jeunes rejets qui poussent au niveau de chaque groupe de racines, les vaisseaux ponctués et scalariés manquent; ce n'est que plus tard, lorsque paraissent les premiers filets qui formeront les feuilles, que ces derniers vaisseaux naissent successivement, et au niveau même du point d'origine de cette nouvelle tige on trouve une toute petite masse de cellules vasculaires différemment marquées et qui se comporte comme nous l'avons vu précédemment.

Les *Sporocarpes* ont une structure analogue à celle du *Sporocarpe* de la Pilulaire, mais elle est beaucoup plus élégante. Les vaisseaux du pédicule, après avoir pénétré dans le sporocarpe, forment un cordon qui suit la portion adhérente des deux valves, les trachées seules s'y rencontrent; puis, de ce faisceau, naissent dix à douze filets latéraux qui se subdivisent en deux branches terminales, dont l'extrémité donne naissance à quelques rares cellules vasculaires, et dont toutes les trachées se terminent en cul-de-sac (pl. II, fig. 5). Ces vaisseaux sont situés à la face externe de la membrane interne, qui sert d'insertion aux cloisons transversales.

Lycopodiacées (*Lycopodiacea*, L. C. *Rich. ap. De fl. fr.* 2, p. 571).

Les Lycopodiacées, dont le nom vient du genre Lyco-podium L., forment un groupe, comme on le sait, dont l'aspect et la fraîcheur rappellent celle des Mousses. Chaque type présente un faisceau vasculaire complet, se divisant dichotomiquement à son sommet, et pré-sentant ainsi la vraie et régulière division dichoto-mique, type dans le règne végétal (pl. III, fig. 1).

Sur une coupe transversale d'une Lycopodiacée, *Lyco-podium clavatum*, on voit au centre d'un tissu cellulaire et fibreux plus dense un groupe de cinq faisceaux jau-nâtres plus fortement accentués que les autres. Ce groupe est formé par cinq masses vasculaires, dans les-quelles les plus gros vaisseaux sont situés au centre de la tige et au centre de chaque faisceau, suivant la li-gne qui le traverse. Chacun de ces cinq faisceaux aboutit au centre commun, à une petite quantité de tissu cellulaire formant le milieu de cette étoile, à cinq et sept branches; chacun des rayons de cette étoile a la forme d'une massue dont la partie la plus volumi-neuse excentrique, la partie plus rétrécie plus au cen-tre, se rejoindrait au sommet des autres radiations. Cette portion de tissu cellulaire centrale n'avait été si-gnalée que dans le *Psilotum triquetrium*, par M. Bro-gnard, dans un Mémoire inséré dans les Archives du Muséum, et cependant on la retrouve également dans le *Lycopodium clavatum* et le *Lycopodium inundatum*, que nous avons examiné, et ressemble à une espèce de moelle centrale.

A la couche de tissu fibreux assez dense qui enveloppe les vaisseaux, succède une seconde couche de tissu cellulaire à grandes mailles, et enfin une troisième couche dont la structure se rapproche beaucoup de celle de la portion centrale. Ce sont ces trois couches qui servent d'enveloppe au système vasculaire. Sur une coupe longitudinale de la tige du *Lycopodium clavatum* (pl. III, fig. 2), dont la section passe par le centre même et parallèlement à la longueur d'un des faisceaux en massue, on rencontre trois ordres de vaisseaux ; à la périphérie de chacune, ce sont des trachées unispiralées qui n'offrent rien de particulier dans leur forme, rien qui soit propre aux Lycopodiacées. Ces trachées ont en moyenne $0^{mm}008$; leur diamètre, par rapport aux autres vaisseaux dans la même plante et dans les groupes des plantes qui sont voisines, est excessivement petit, et les tours de spire ne sont point très-serrés.

Puis, plus en dedans des vaisseaux annelés, qui par intervalle deviennent spiro-annulés, ces vaisseaux ont en moyenne de $0^{mm}007$ à $0^{mm}009$, et diffèrent peu, comme on le voit, du volume des vaisseaux précédents. Viennent en troisième lieu les vaisseaux scalariformes qui sont les vaisseaux caractéristiques des Lycopodiacées, car ils présentent quelques modifications que l'on ne retrouve que dans ce groupe, et qui ne se rencontrent plus dans les vaisseaux scalariformes des autres Cryptogames vasculaires. Voici quels sont les caractères auxquels on les reconnaîtra.

Situés plus au milieu du rayon vasculaire, les plus gros vaisseaux scalariés sont presque au centre de la tige, les plus petits vers la périphérie ; ils sont contigus aux vaisseaux spiro-annulaires ; leurs bords, au lieu de

représenter une ligne d'intersection verticale et recti-
ligne, est ondulée, de sorte que chaque renflement cor-
respond au sommet d'une *scala*; chaque dépression a
l'intervalle de deux *scalæ*; les *scalæ* sont plus rapprochées les unes des autres que dans les Fougères. Le
diamètre des plus gros vaisseaux est en moyenne de
$0^{mm} 015$, et sur une coupe transversale la lumière centrale est ronde, tandis que la surface extérieure est
formée de six plans ayant l'aspect d'un hexagone.
Dans les Fougères l'intérieur des vaisseaux est hexa-
gonal. Les plus jeunes vaisseaux scalariés situés au
contact des vaisseaux spiro-annulaires, tout en conser-
vant les mêmes ondulations des bords, sont tellement
étroits que chacune des *scalæ* en voie de formation représente un point presque rond, semblable aux ponctuations des cellules ponctuées des Conifères. Enfin les
scalæ sont bien plus près du bord du vaisseau que dans
les autres Cryptogames vasculaires.

Voilà donc des caractères bien tranchés qui permet-
tront, un fragment de Lycopodium étant donné, de ne
point le confondre avec tout autre Cryptogame vasculaire. Ce sont donc des caractères anatomiques importants.

Le *Lycopodium inundatum* (pl. IV, fig. 1-2) a les
mêmes caractères; seulement les trachées ont presque
le double de diamètre et sont plus nombreuses, et les
bords des vaisseaux scalariés sont moins ondulés.

En suivant le système vasculaire dans les deux extrémités terminales de la plante, nous verrons que, au niveau de l'insertion de la fronde, la loi générale qui pré-
side à la disposition du système vasculaire dans les
Cryptogames vasculaires est la même que pour les autres du système végétal. Les trachées seules suivent

l'axe central de la fronde pour se terminer en pointe mousse à peu de distance du bord marginal.

Dans l'épi fructifère, le centre de la tige qui porte les feuilles bractéales est parcouru par le faisceau entier des vaisseaux ; mais, à chaque insertion des organes reproducteurs, un faisceau vasculaire se détache, arrive à la base de l'insertion des organes reproducteurs; il se divise en deux faisceaux secondaires : l'un, très-petit, composé de petites trachées, se termine dans les deux tiers inférieurs de la bractéole; l'autre, plus volumineux, contenant encore à son origine des vaisseaux scalariformes, se termine au sommet du très-court pédicule qui supporte le sporange, et ne contient plus que des cellules vasculaires très-petites, de $0^{mm}003$, très-peu nombreuses, qui s'arrêtent à la base des valves des sporanges sans s'étaler à sa surface.

Les racines adventives n'ont pas la structure que l'on rencontre dans les autres racines; à l'endroit même où naît la racine sous un angle de 30 à 35 degrés, tout d'un coup des faisceaux vasculaires ascendants se courbent sous un pareil angle pour suivre la racine, d'autres semblent descendre de la partie supérieure sous un angle de 50 à 55 degrés pour s'accoler aux précédents ; ce sont absolument les mêmes vaisseaux qui sont dans la tige, mais entourés d'un faisceau fibreux très-considérable, recouvert de grandes cellules dont naissent des poils absorbants à extrémité renflée, contenant un plasma clair et sans granulations. Les vaisseaux de la racine principale se terminent assez brusquement sans que le faisceau vasculaire soit réduit comme ailleurs aux seules trachées. On dirait que l'extrémité de la racine a été détruite.

Toutes les Lycopodiées nous ont montré les mêmes

3

caractères anatomiques, et il n'y a rien à remarquer qui soit propre à l'une plus qu'à l'autre dans les cinq espèces que nous possédons.

Les Lycopodiacées ont dans leur structure une grande analogie avec les plantes fossiles pour lesquelles on a créé la famille des Lépidodendrées. Ces végétaux fossiles qui appartiennent au terrain houiller ont été étudiés avec beaucoup de soin par M. Brognard; ils ont tous les caractères extérieurs des Lycopodiacées avec des dimensions gigantesques. La structure intérieure des tiges Lépidodendrées présente une arête continue des gros vaisseaux scalariformes entourant le cylindre central de moelle.

Selaginella (*Swing. ap. Dœll.* 2 h. fl., p. 38).

Dans le genre Selaginella, le faisceau fibro-vasculaire est tout à fait central sans aucune trace de tissu médullaire. Les plus gros vaisseaux, qui sont des vaisseaux scalariés, se trouvent au centre, tandis que les trachées se trouvent sur les parties latérales des faisceaux. C'est généralement le mode d'agencement des vaisseaux quand le faisceau est unique ou quand des faisceaux radiés se réunissent en un centre commun, de sorte que du niveau de l'insertion des feuilles les trachées y pénètrent sans que le faisceau vasculaire subisse le contournement que nous avons observé dans l'autre mode de situation des trachées. Sur le trajet des tiges les racines adventives ont absolument la même disposition que nous avons observée dans les Lycopodiées. Au niveau des épis fructifères ou des fructifications axillaires on voit également, comme dans les Lycopodiées, un faisceau vasculaire pour la bractéole, un pour le spirange ; mais sa surface n'est pas recouverte par les cellules vasculaires, la base seule en est pourvue. Si l'on fait germer les spores du Selaginella (*S. Martensii*), au moment où la jeune Sélaginelle sort de l'archégone déchirée, on voit, au point d'origine des racines et de la tige, quatre ou cinq cellules vasculaires, point de départ du système vasculaire, puis on en rencontre encore quelques-unes au point d'origine des deux premières folioles,— qui sont rondes et non denticulées; puis, le reste se développe comme d'habitude. — Enfin, les dernières radicules n'ont plus que deux trachées qui s'arrêtent où commence la spongiole.— La tribu des Sélaginellées offre donc tous les caractères anatomiques des Lycopodiées.

DEUXIÈME GROUPE.

Système vasculaire des Filicinées, dont les *anthéridies* et les *archégones* ne se développent qu'après la métamorphose d'un organe spécial, la spire, en *prothallium* qui portera les *anthéridies* et les *archégones* (*monoïques* ou *dioïques*).

1° Minimum du développement des vaisseaux. Équisétacées.
2° Maximum du développement des vaisseaux. Fougères.

Esquisétacées (Rich., ap. D. C. fl. Fr. 2, p. 580).

Equisetum (L. gen. 1169). — Dans cet article nous avons beaucoup emprunté, après vérification, à l'excellent travail de M. D. Jouve. Le faisceau vasculaire des Equisetum est situé autour des lacunes intérieures dans le cylindre fibro-vasculaire qui limite le contour de ces lacunes.

Le tissu cellulaire qui entoure les lacunes extérieures n'a jamais de vaisseaux.

Dans le tissu fibreux à longues cellules obliquement articulées qui entourent les lacunes internes, se trouvent les vaisseaux ; leurs parois sont épaisses, ils se séparent facilement du tissu environnant ; à leurs extrémités ils se terminent en bec très-allongé. Ils se rencontrent sous forme de vaisseaux *striés, annelés, spiralés* ; ils sont tantôt plus tantôt moins éloignés de la lacune centrale ; quand, à l'aide du chlore naissant, on dissout le tissu cellulaire, on voit qu'ils occupent toute la longueur de chaque entre-nœud sans qu'aucune portion ait été résorbée, comme on l'a dit. Leur diamètre varie de $0^{mm}01$ à $0^{mm}015$ et plus.

Dans les rhizomes on trouve les vaisseaux plus facilement que dans les tiges ; ils sont situés au centre du tissu fibreux, ce sont des vaisseaux *annelés et spiraux.* Ils sont situés de chaque côté des lacunes internes au nombre de deux ou trois, sans affecter un ordre d'une régularité parfaite. — Ils forment de chaque côté un petit cordon. Les vaisseaux annelés sont généralement plus petits que les vaisseaux striés ou spiro-annelés, pl. 5, fig. 1. Enfin, c'est en se rapprochant du bord de la lacune que se trouvent de toutes petites trachées de 0^m005 déroulables en un fil très-étroit (pl. V, fig. 5).

M. Duval-Jouve a trouvé, et nous avons pu nous-même le vérifier, que la spire très-épaisse de ces vaisseaux est creuse (pl. V, fig. 3, 4) ; elle a la forme d'un D dont la convexité serait tournée du côté de la cavité du vaisseau. Ces spires m'ont toujours paru reliées à des parois suffisamment visibles pour ne pas être niées.

Les vaisseaux ne forment point autour de la lacune une

couche circulaire, mais sont situés sur les deux côtés opposés de la lacune.

Les petites trachées occupent le côté intérieur du faisceau vasculaire du côté de la lacune.

Dans les tubercules qui sont situés sur les rhizomes, l'absence de la lacune apparente donne un tout autre aspect au système vasculaire. On trouve de huit à dix faisceaux fibro-vasculaires épars autour d'un centre cellulaire; ces vaisseaux écartés au milieu du tubercule sont rapprochés les uns des autres aux deux sommets de cet organe.

Les racines qui émanent du rhizome ne présentent plus la même disposition: au centre de la racine il existe un tissu cellulaire assez peu dense. C'est dans ce tissu que sont les deux ordres de vaisseaux dont nous avons déjà parlé, les plus gros des vaisseaux occupant le centre, les plus petits l'entourant; mais on n'y trouve plus de trachées comme dans les racines des autres Filicinées, il est probable qu'elles ont été résorbées.

La disposition du système vasculaire des tiges diffère de ce que nous avons vu jusqu'ici.

Comme dans les rhizomes, on trouve deux cylindres et deux ordres de lacunes.

Le faisceau fibro-vasculaire est situé dans le cylindre interne, la gaîne et les rameaux des Equisetum. Nous allons examiner successivement quel ordre de vaisseaux s'y trouvent, la manière dont ils y pénètrent et se distribuent.

Les vaisseaux de la gaîne sont situés (fig. 2, pl. V) dans une couche de tissu circulaire qui double la face interne de la gaîne. Quelquefois, autour d'une trace de lacune, puis à mesure que les vaisseaux s'élèvent dans la gaîne, le tissu circulaire diminuant, les vaisseaux diminuent de diamètre , les empreintes deviennent moins marquées, plus éloignées les unes des autres , et enfin, toute trace de vaisseau disparaît comme dans l'extrémité des feuilles.

Au niveau des nœuds on voit un groupe de vaisseaux se diriger vers chaque rameau, tandis qu'un autre se rend dans la partie légèrement renflée de la gaîne, après avoir traversé une zone blanche de cellules fusiformes spiralées, striées, ponctuées, qui sont des centres de naissance vasculaire.

Au voisinage d'un entre-nœud, les vaisseaux spiro-annulaires prennent un diamètre plus considérable ; les anneaux en deviennent plus épais ; ils s'incurvent pour aller au-devant du faisceau vasculaire de la lacune voisine, puis deviennent plus courts et plus gros, et forment ainsi les cellules striées vasculaires que nous venons de mentionner ; cette disposition existe dans toutes les espèces d'Equisetum.

De chacun des deux groupes de cellules vasculaires situés au sommet de la lacune correspondante, deux faisceaux vasculaires s'élèvent presque transversalement, se réunissent en un seul, traversent les grandes cellules de la zone corticale ou tube extérieur, montent brusquement dans les divisions de la gaîne, en pénétrant par la base même ; de l'autre extrémité de ce groupe de cellules striées , partent des faisceaux vasculaires; les uns se réunissent deux à deux pour ne former qu'un faisceau, qui passe horizontalement au-dessus des grandes cellules corticales et de là se rend dans les rameaux. Le faisceau vasculaire qui alimente un rameau se compose ainsi de deux faisceaux qui ont appartenu à deux faisceaux différents. Dans les épis des Equisetum, les faisceaux sont à l'état rudimentaire.

Enfin un faisceau vasculaire monte directement sur le côté de la lacune sans subir les modifications en cellules vasculaires au niveau de l'entre-nœud (pl. V, fig. 2).

Les rameaux ont en petit la même disposition vasculaire que la tige.

Nous remarquerons que la présence de cellules vasculaires est un élément toujours constant, quelque simple que soit la structure du système vasculaire dans toutes ces plantes.

Dans les organes de la reproduction, les dernières traces de gaîne forment ce que l'on appelle l'anneau; là il n'y a plus de trace de vaisseaux bien accusée. — Dans le pédoncule de l'épi, les vaisseaux forment des cercles interrompus; ils sont plus régulièrement rapprochés, à cause de la disparition des lacunes. Au niveau du pédicelle des sporanges, comme dans toutes les Filicinées, on retrouve ces jolis groupes de cellules vasculaires différemment striées; elles pénètrent dans le pédicelle du spirange, s'étalent sur les parois du clypéole, s'irradient sur le spirange au-dessus duquel elles s'effacent graduellement. Cette disposition se retrouvera dans les *Filicées*.

Dans les jeunes Equisetum, sur le trajet des cellules du tissu utriculaire pourvu de gros nucléoles, au moment ou le nucléus disparaît, à côté même de ces utricules naissent de grands cordons celluleux verticaux, dans lesquels, au moment de la disparition du nucléus, se forment les stries des vaisseaux; à mesure que la tige croît à son extrémité, le même phénomène se produit, et le vaisseau croît graduellement en passant par les mêmes phases physiologiques. — Les anneaux se forment au niveau de la paroi tranversale des cellules, à mesure que les cloisons se résorbent. Enfin, sur certains

points (D. Jouve), les anneaux se dédoublent (pl. V, fig. 1);
si le dédoublement n'est pas complet, les stries montrent des hiatus béants, comme le montre la figure.

Quant à la disparition des parois des vaisseaux quand
les stries sont fermées, c'est un fait que nous n'avons jamais constaté; nous les avons vues persister pendant toute
la vie du végétal et retrouvées même sur les *Exsiccata*.

Les autres vaisseaux se forment de la même façon.
Nous avons vu quelle était la structure vasculaire
du rhizome : les racines qui en naissent ne contiennent
que deux vaisseaux annelés, dont les anneaux s'espa-
cent, s'affaiblissent, et enfin, ne laissent plus que les
cellules qui seront plus tard l'origine de la prolon-
gation du vaisseau ; à mesure que la racine croîtra,
il est probable que les trachées ont été atrophiées.

L'époque d'apparition des vaisseaux sur les jeunes
bourgeons a lieu au moment où les cellules du qua-
trième et du cinquième entre-nœud se montrent. Leur
première apparition se fait toujours dans l'avant-dernier
verticille qui termine le bourgeon, qui, par l'élongation des tissus développés à chaque entre-nœud, servira
à l'élongation de la tige; les vaisseaux de la tige commencent à se développer au contact des cellules dont
le nucléus volumineux est le plus près des cordons des
cellules qui les formeront ; puis le nucléus se dissout, le
tissu dans lequel ils se formeront réfracte la lumière d'une
manière toute différente; puis apparaissent les marques
qui donneront lieu aux trachées, aux vaisseaux annelés.
Dès que les empreintes vasculaires sont formées, jamais
avec de bons objectifs nous n'avons vu les parois des vaisseaux se résorber; à tous les âges nous avons toujours
trouvé les parois des vaisseaux le plus souvent un peu
concaves entre chaque empreinte, ce qui tient à leur

grande épaisseur dans les Equisetum, à mesure que le vaisseau croît les anneaux se dédoublent tantôt entièrement, tantôt incomplétement, et laissent alors des hiatus qui donnent des aspects différents à ces annelures, pl. V, fig. 1. a, b, c (empruntées aux planches de M. D. Jouve). Dans des semis d'Equisetum, le développement des annelures des vaisseaux se fait par dépôts successifs de la matière granuleuse du blastème, en son lieu et place toujours au voisinage d'un nucleus ; après ce dépôt se fait le dédoublement des empreintes.

A cette époque on peut constater deux formes d'annelures ; les unes sont parfaitement circulaires, de même épaisseur partout, les autres sont légèrement elliptiques et plus épaisses aux extrémités des diamètres transverses (pl. V, fig. 1, a, b).

Les trachées se forment de la même manière ; elles apparaissent toujours les premières le plus près des lacunes secondaires, et les spires ne se déposent qu'après la formation des cellules qui formeront la paroi des vaisseaux. Les premières trachées sont si petites, leurs empreintes spirales si transparentes, que ce n'est qu'avec le n° 10 (Hartenach) et dans l'éclairage produit par la réflection de la lumière jaune vert du spectre solaire, à travers la préparation, que nous avons pu bien nettement constater leur présence en premier lieu (pl. V, fig. 5) ; leur mode de disposition est analogue à celui des spires que l'on rencontre dans l'épaisseur de la matière unissante des cellules corticales.

Les cellules vasculaires apparaissent dans les entrenœuds toujours avant la formation des vaisseaux, comme dans les rhizomes des *Filicées* proprement dites ; et du sommet du groupe de ces organes s'élèvent des vaisseaux, dont les cellules augmentent de longueur à mesure qu'on va d'un entre-nœud à un autre, et dont les empreintes sont d'autant plus jeunes et moins marquées que l'on s'élève vers l'entre-nœud supérieur.

A quelque âge qu'on observe une tige d'Equisetum, les vaisseaux ne forment point un cercle continu. Ils sont par groupes; c'est en petit ce que nous verrons en plus grand dans les Fougères. Enfin nous devons ajouter que, dans un *Equisetum arvense* datant du 14 avril 1867, nous avons trouvé deux vaisseaux parfaitement réticulés, vaisseaux que l'on n'avait pas encore mentionnés, je crois, et dont la fig. 3, pl. V, indique le moment de la formation que nous avons vu en d'autres points de ces mêmes vaisseaux, et qui sont désignés par le nom de gros vaisseaux du pourtour des lacunes, par M. D. Jouve.

A tous les âges de la plante la série des vaisseaux que nous venons d'analyser n'est pas aussi complète; au moment où les lacunes de la tige se forment, leur ouverture se produit au détriment des tissus voisins, et un certain nombre de vaisseaux parmi lesquels se trouvent en premier lieu les trachés sont détruits. Dans les racines, il en est de même : de sorte qu'une jeune plante ne peut pas être comparée à une plante adulte, certains éléments manquant.

L'extrémité des vieilles racines se comporte d'une manière un peu différente que les racines des autres plantes. La *Pilorhize* et l'extrémité de la racine se détruisent avec une très-grande facilité; alors les vaisseaux, au lieu de se terminer graduellement, le plus souvent se terminent brusquement, tandis que dans les jeunes racines la terminaison se fait de la même manière que dans les autres plantes. Enfin, si l'on vient à faire une coupe d'un très-jeune rhizome, on trouve également un centre de cellules vasculaires qui sont le centre d'origine des vaisseaux ascendants et descendants, et les bourgeons souterrains qui naissent successivement donnent lieu à une nouvelle plante, dont l'évolution du système vasculaire est la même que celle dont nous avons suivi le développement après le semis.

Après avoir examiné la structure générale des Equisetum, jetons un coup d'œil rapide sur les différences de chaque genre.

Equisetum arvense. — La gaîne présente une lacune très-petite et contre elle se trouve un faisceau fibrovasculaire très-petit. Dans la tige les faisceaux fibrovasculaires sont très-étroits, très-rapprochés; dans les rameaux, comme il n'y a pas de cavité centrale, c'est au centre que se trouvent les faisceaux fibro-vasculaires.

Dans l'*Equisetum telmateya* les lacunes ont de chaque côté un groupe seulement de vaisseaux annulo-spiralés, et ces vaisseaux sont au nombre de un ou deux seulement.

Equisetum sylvaticum. — Dans les rhizomes anciens, souvent les vaisseaux manquent complétement. Dans la tige le faisceau fibro-vasculaire est très-considérable, ainsi que dans les rameaux et autour des petites lacunes.

Equisetum palustre. — Les faisceaux fibro-vasculaires contiennent un très-grand nombre de vaisseaux, dans le rhizome, dans la tige; et c'est dans ce genre que l'on peut le mieux étudier le système vasculaire et la forme des vaisseaux.

Equisetum limosum. — Il y a très-peu de vaisseaux, parce que les lacunes essentielles sont très-grandes; il en résulte que les faisceaux vasculaires sont repoussés en dehors presque jusqu'aux lacunes corticales.

Equisetum hyemale. — Les vaisseaux dans le rhizome sont tellement rapprochés qu'ils forment presque un cercle autour de la lacune; dans la tige les lacunes essentielles sont très-petites, les faisceaux vasculaires très-étendus, et se prolongent jusque dans la cloison qui sépare les deux ordres de lacune.

Equisetum ramosum. — Le faisceau vasculaire du rhizome est très-petit et ne pénètre point dans les cloisons interlacunaires. Dans la tige le faisceau vasculaire est étroit, les vaisseaux sont rapprochés, rayonnants et parallèles.

Equisetum trachyodon. — Les vaisseaux du rhizome sont très-rapprochés; les cordons en sont petits et s'avancent jusqu'auprès des grandes lacunes; dans la tige on trouve la même disposition : seulement les faisceaux vasculaires pénètrent presque jusqu'aux lacunes corticales.

Equisetum variegatum. — Les vaisseaux du rhizome forment des faisceaux petits, étroits, placés entre les lacunes corticales, et sont très-rapprochés. Dans la tige même disposition.

Equisetum umbrosum. — Il a la même structure que l'*Equisetum arvense.*

FOUGÈRES.

CARACTÈRES GÉNÉRAUX DU SYSTÈME VASCULAIRE.

Les Fougères, dans le second groupe, ont, comme les Lycopodiacées dans le premier groupe, un système vasculaire aussi riche, aussi complet que possible; cependant la variété des formes des vaisseaux est encore plus grande dans ce groupe que dans celui des Lycopodiacées.

Une coupe transversale de Fougères montre un grand nombre de lignes brunes contournées de diverses manières (pl. III, fig. 3 à 6 et suiv.). Ces figures coquettement bizarres se reproduisent parfois avec assez de régularité.

Ces lames brunes sont rapprochées assez près l'une de l'autre ; elles forment le corps ligneux composé du tissu fibreux à parois épaisses, solides et ponctuées ; elles circonscrivent un espace beaucoup plus clair, rempli d'un tissu cellulaire à mailles assez lâches et peu colorées. C'est au centre de ce tissu que sont situés les vaisseaux ; ils affectent toutes les formes connues, vaisseaux *scalariformes, striés, ponctués, annelés, spiro-annelés, trachées* ; quant aux vaisseaux *laticifères*, M. Schultz dit en avoir constaté la présence, M. Mohl nie formellement leur existence.

Presque tous les botanistes refusent également des trachées aux Fougères, et cependant, quelle que soit la Fougère qu'on analyse, à tout âge, dans toutes sans exception, une bonne préparation les montre, et, dans le genre *Aspidium*, c'est la forme de vaisseau qui prédomine. La première année d'une Fougère, c'est encore le premier vaisseau qui s'y trouve, et le seul. Ainsi donc, au lieu de répéter ce qui avait été dit jusqu'à présent, que les Fougères se distinguent des autres plantes par l'absence de trachées, on pourra dire que les Fougères se distinguent des autres plantes vasculaires par un système de vaisseaux le plus complet et par la présence de vaisseaux scalariformes qui sont propres aux Filicées.

Le système vasculaire si complet dans les Fougères

arborescentes se retrouve dans les Fougères herbacées de notre pays; seulement la forme de la tige apporte des modifications dans le nombre et la disposition des faisceaux vasculaires; mais il présente néanmoins la même structure que celui des Fougères arborescentes. « La disposition des feuilles a une influence notable sur l'agencement des faisceaux vasculaires; le réseau au centre duquel se trouvent les vaisseaux est très-régulier dans les Fougères dont les feuilles sont très-rapprochées (*Polystichum, F. M.*); ils sont au contraire très-irréguliers dans celles dont les feuilles sont très-écartées (*Polypodium aureum*). Enfin, d'autres fois, quand la tige est grêle et longue, on ne rencontre plus qu'un faisceau central (*Asplenium trichomanes*). M. Robert Brown a démontré un système intermédiaire représenté par un cylindre parfaitement formé (*Dipteris*). Enfin, il est des Fougères dont la tige est courte et très-épaisse (*Angiopteris evecta*), et dont le système vasculaire forme comme des cônes emboîtés (M. Duchartre, *Éléments de botanique*, p. 185, 1867). »

Les Fougères, dans leur plus jeune âge, c'est-à-dire à l'état de prothallium, n'ont aucuns vaisseaux; mais, dès que la fécondation a eu lieu sur le prothallium et que la Fougère proprement dite va se développer et prendre sa forme définitive, les premiers linéaments du système vasculaire s'ébauchent. Dans les cellules allongées qui formeront la masse fibreuse, apparaît un premier vaisseau, une trachée et toujours une trachée, comme dans tous les végétaux vasculaires. A la présence constante de cette première forme de vaisseau doit sans doute se lier une raison physiologique importante, car, quelle que soit la plante dont on suit le développement, le premier vaisseau est toujours une trachée, toujours très-apparente dès le jeune âge, même quand elle doit s'atrophier en partie dans un âge plus avancé (*Salvinia*, *Equisetum*).

L'aspect général du système vasculaire des Fougères permet de constater, dans toutes, toutes les formes de vaisseaux; mais chaque tribu a une forme et une disposition particulière des faisceaux fibro-vasculaires qui nécessite pour chacune une description spéciale qui permettra toujours, un faisceau vasculaire étant donné, de reconnaître à qui il appartient, enfin, de se rendre compte de la structure des Fougères qui ont existé aux époques carbonifères.

La première tribu a des caractères tellement spéciaux que nous avons cru devoir en faire la description complète.

TRIBU I.

Ophioglossées. — BOTRYCHIUM (*Swartz, in Schrad. Journ. 2, p. 110*).

Les Ophioglossées, bien distinctes des autres Fougères par leur mode de foliation, la disposition des sporanges, qui sont constitués par des capsules qui se fendent régulièrement, se distinguent des autres Fougères par la structure et la disposition de leur système vasculaire.

L'*Ophioglossum* n'a que deux divisions, l'une stérile, l'autre fertile en épis. Le bourgeon terminal n'est point enveloppé par la feuille.

Le *Botrychium* a presque le même port, mais la fronde non fertile est disposée en plusieurs lobes; la fronde fertile présente une sorte de ramification, et le bourgeon terminal est enveloppé par la fronde.

Sur les coupes transversales et longitudinales (pl. VI, fig. 1, 2), la tige est dans son centre occupée par cinq faisceaux vasculaires situés aux angles de la tige; les vaisseaux sont très-riches en grosses trachées à un et à deux tours de spires, les trachées ont $0^{mm}01$ à $0^{mm}12$; les tours de spire sont très-accentués, très-épais, et elles-mêmes sont situées du côté de l'axe central de la tige; après les trachées, plus en dehors, ce sont des vaisseaux annelés qui ont même diamètre, mêmes caractères physiques; plus en dehors, des vaisseaux striés de même diamètre encore; enfin, sur la face extérieure, ce sont des vaisseaux à forme spéciale, un peu plus petits que les précédents; ils ont de $0^{mm}008$ à $0^{mm}01$ et méritent une description spéciale.

Ces vaisseaux sont fortement ondulés sur leur bord; les faces sont marquées de séries doubles de ponctuations alternes. Cette ondulation, nous l'avons vue déjà ailleurs (*Lycopodiées*); mais la forme qui existe ici est toute spéciale au *Botrychium* (fig. 1, 2, pl. VI); nous ne voyons pas encore apparaître de vrais vaisseaux scalariés.

Dans la tige fructifère les vaisseaux ont la même structure; mais, à la base de chaque capsule, ils forment une enveloppe de cellules vasculaires courtes et larges ayant la forme d'un pleurosigma ang. à la manière d'un volant; les cellules ont $0^{mm}025$ de large sur $0^{mm}085$ de long; elles sont en général bispiralées; très-peu sont spiro-annelées (fig. 2, pl. VI). Nous verrons cette forme d'organe se reproduire au niveau de tous les spiranges des Filicées.

Le *Rhizome* est parcouru par une série de longues et

étroites cellules vasculaires semblables à celles que nous avons représentées fig. 8, pl. I, pour le centre vasculaire du Salvinia; ces cellules ont en moyenne 0^{mm} 01 de largeur sur 0^{mm} 08 à 0^{mm} 09 de long; elles sont pour la plupart spiralées annelées; certaines sont fortement ponctuées, ce qui donne à leurs parois l'aspect d'une épaisseur considérable. Cet amas de cellules vasculaires est le centre des vaisseaux ascendants vers la tige et de ceux descendants vers les racines. Enfin les derniers vaisseaux des radicelles ne sont plus réduits qu'aux trachées qui deviennent d'une petitesse extrême. Dans les racines et les radicelles on voit d'abord que le faisceau est central, recouvert non plus par un faisceau fibreux, mais par une écorce celluleuse généralement colorée très-fortement par la matière brune, cellules sur lesquelles s'implantent les poils absorbants; les vaisseaux s'y montrent rangés de telle sorte que leur largeur décroît vers l'extérieur, ce qui est l'inverse de ce qui se passe pour la tige.

Ophioglossum (*L. Gen.* 1171).

Dans l'*Ophiogl. vulg.*, le système vasculaire est situé au centre d'un tissu fibro-cellulaire clair, transparent, assez lâche; trois à cinq masses fibreuses plus foncées occupent le centre de la tige elliptique. Ces masses contiennent toutes des vaisseaux et dans chacune ces vaisseaux affectent la même structure, la même disposition; par conséquent, en décrivant un de ces groupes, ce sera décrire les autres.

Sur une coupe longitudinale (fig. 4, pl. VI), les vaisseaux sont dans chaque groupe au nombre de 15 à 20.

4

Les trachées *e* parfaitement déroulables sont en petit nombre; on en rencontre une ou deux par groupe de faisceau vasculaire; elles ont $0^{mm}015$ à $0^{mm}019$ de diamètre, le fil spiral est très-fort, très-épais; immédiatement après vient une ou plusieurs rangées de vaisseaux annelés *d* et spiro–annelés de $0^{mm}012$ à $0^{mm}013$, puis enfin deux séries de vaisseaux d'un aspect très-remarquable *a. b.* Ce sont des vaisseaux réticulés et rayés qui méritent une description toute spéciale, car on ne les rencontre que dans les Ophioglossées.

Les vaisseaux réticulés ont $0^{mm}02$; leurs réticulations sont très-nombreuses et très-riches en réticules; leur diamètre est beaucoup plus considérable que dans ceux qui les ont précédés.

Plus en dehors du faisceau fibro-vasculaire on remarque des vaisseaux rayés de deux ordres : les uns ont deux rangées presque parallèles de rayures courtes presque elliptiques; ils ont $0^{mm}02$ à $0^{mm}025$; les autres ne sont pas encore des vaisseaux scalariformes, mais s'en rapprochent beaucoup; ils ne présentent plus qu'une série de fentes régulièrement elliptiques et qui ressemblent exactement à une boutonnière entre-bâillée. Ces rayures sont superposées parallèlement les unes sur les autres, sur la coupe transversale; elles ont une forme hexagonale qui leur est commune avec les vaisseaux scalariformes proprement dits; enfin, sur des préparations où l'on isole complétement les vaisseaux, on voit qu'ils se terminent en cône très-allongé qui s'applique contre le sommet du cône d'un vaisseau voisin.

Le système vasculaire du rhizome et des racines offre également des particularités curieuses à observer.

Au centre même du rhizome il existe plusieurs

groupes de cellules vasculaires composées de 3-5 faisceaux sur une coupe transversale; ces cellules vasculaires sont hexagonales et quelquefois pentagonales; elles forment, comme dans la tige, des faisceaux entourés de tissu fibreux, puis de tissu cellulaire contenant de l'*Inuline* en très-grande quantité.

Sur une coupe longitudinale ces cellules sont courtes, plus ou moins régulièrement fusiformes; elles ont en moyenne $0^{mm}1$, elles envoient des prolongements dans la direction des racines; de ce groupe comme centre vasculaire tous les autres vaisseaux ascendants et descendants prennent leur origine, et toutes les cellules sont marquées des mêmes impressions que l'on rencontre sur les diverses formes de vaisseaux. Ce genre de structure se montre, comme nous le voyons, d'une manière constante dans les *Filicinées*. En suivant les vaisseaux jusque dans les dernières divisions radiculaires du rhizome, on voit successivement les différentes formes de vaisseaux s'arrêter en pointe mousse et se réduire à mesure que la radicule devient de plus en plus petite. Enfin le dernier vaisseau que l'on aperçoit est une trachée dont les éléments vont s'effaçant comme une teinte graduellement dégradée, comme nous l'avons représenté pl. II, fig. 4, pour les radicules de la Pilulaire.

Quant aux cellules vasculaires, comme elles ont toutes plus ou moins le même aspect, nous renvoyons à la pl. V, fig. 3 *a, Equisetum*, qui en fournit un exemple fort remarquable.

En suivant le système vasculaire du côté de la fronde et des capsules : du côté de la fronde la terminaison des vaisseaux a lieu graduellement comme dans toutes les autres plantes, les trachées sont les seuls vaisseaux qui persistent ; il n'en est plus de même dans l'épi qui porte les capsules. Les vaisseaux se comportent dans la portion centrale comme dans la nervure de la fronde, mais près des capsules les modifications suivantes se produisent : au niveau de chaque capsule sporifère, de chaque faisceau central, s'écartent deux faisceaux vasculaires dont les cellules deviennent de plus en plus courtes, et finissent par former deux séries de cellules vasculaires qui, au lieu d'envelopper la base du sporange comme dans le Botrychium, ici le couvrent de faisceaux ascendants et descendants de cellules qui sont tellement pâles que c'est moins à l'aide des coupes qu'en dissolvant les tissus ambiants avec le chlore naissant qu'on peut les découvrir ; elles ont $0^{mm}020$ de largeur sur $0^{mm}075$ de longueur.

Après avoir résumé les caractères distinctifs du système vasculaire de cette tribu, nous trouverons maintenant une série de tribus dans lesquelles les différences ne sont pas aussi tranchées. Nous nous bornerons donc à signaler les ressemblances et les dissemblances qui caractérisent chaque groupe, pour éviter les répétitions oiseuses, nous bornant à décrire complétement les formes vasculaires qui seront tout à fait en dehors de celui des Filicées voisines, et pourront avoir quelque intérêt à être analysées.

TRIBU II.

Osmondées (*L. Gen.*, 1172 part.).

La structure de l'*Osmonda regalis* est très-différente de ce que nous avons vu jusqu'ici. Sur une coupe transversale (pl. VII, fig. 3), les vaisseaux forment un cercle incomplet, ouvert en bas ; les deux bouts libres se recourbent en dedans.

A premier examen on ne croit trouver que des vaisseaux scalariés, à deux rangs de *scalæ* par face ; mais, en dedans, la coupe nous montre une série de saillies *a. a.*, où sont situées les trachées grosses, mais au nombre de deux ou trois seulement par chaque groupe de renflement ; sur la figure, nous avons indiqué leur situation par des points noirs, tandis que le grand cercle est exclusivement formé de vaisseaux scalariformes généralement biscalariés dans le cercle intérieur, uniscalariés dans le cercle extérieur. Ce mode de situation des trachées nous montre pourquoi bien des botanistes avaient nié la présence des trachées : c'est qu'il fallait que la coupe passât exactement sur le point où elles sont, et ce mode de distribution de ce genre de vaisseau est très-fréquent. Les vaisseaux scalariés ont en moyenne $00^{mm}03$ de large, les trachées $0^{mm}01$; elles sont bispiralées.

A mesure que l'on pratique des coupes vers la partie supérieure de la tige, près du sporange, le fer à cheval que représente le cercle fibro-vasculaire se rétrécit ; à un moment donné, tous les faisceaux contenant des trachées sont réunis ; le nombre des vaisseaux scalariés a diminué ; à ce point il ne reste plus qu'un centre vasculaire presque exclusivement formé de trachées, qui longe le centre de l'épi ; de chaque côté partent des faisceaux de trachées qui deviennent de plus en plus courtes, se transformant graduellement en cellules vasculaires qui se répandent tout autour de la base des valves des capsules.

Rien de joli et de délicat comme cette masse de cellules losangiques spiralées qui font ressembler les dernières divisions de l'épi à une véritable dentelle. Ces cellules spiralées ont la forme et le diamètre de celles que nous avons trouvées dans le Botrychium; le rhizome et les racines n'ont rien de spécial dans la structure de leur système vasculaire, elle est la même que celle des autres Fougères.

Les vaisseaux scalariformes ont leurs arêtes latérales parfaitement droites, sans aucune ondulation.

La troisième tribu a moins de particularités remarquables dans la structure de son système vasculaire; la structure devient, à peu de chose près, identique dans tous les genres qui suivent. Le *Ceterach officinarum*, cependant, par la disposition des faisceaux du centre, par la petitesse extrême de ses trachées, mérite une description particulière.

TRIBU III.

Polypodiées. — CETERACH (*Bauh. pin.* 354).

Le *Ceterach off.* a une disposition plus singulière que la précédente de ses faisceaux vasculaires. Ils sont au nombre de trois (pl. VII, fig. 3) : un central ayant la forme d'un triangle isocèle à côtés concaves, à angles arrondis; au niveau des deux concavités latérales se trouvent deux faisceaux arrondis de vaisseaux. Ces faisceaux fibro-vasculaires sont imprégnés d'une substance d'un rouge fort intense; ils sont très-compactes, et par cela très-difficiles à voir.

Sur une coupe longitudinale, le faisceau compacte du centre est formé de vaisseaux scalariformes légèrement ondulés sur les bords; les trachées, situées sur le milieu des côtés concaves, sont fort élégantes quoique très-petites ; elles ont 0ᵐᵐ 003 de largeur. Les vaisseaux scalariformes ont 0ᵐᵐ 009 ; elles sont bispiralées en fils très-allongés, très-souples, et se déployant parfaitement.

La partie centrale du rhizome a la même structure que celle de la première tribu, et les racines ont également la même disposition de leur système vasculaire.

Arrivés au niveau de l'insertion des feuilles, les faisceaux vasculaires de la tige se modifient de la manière suivante : les faisceaux latéraux, arrondis, fournissent les vaisseaux des premières feuilles, puis le faisceau central que nous avons vu triangulaire s'est dédoublé, suivant les trois angles, et a formé trois faisceaux qui se sont contournés sur eux-mêmes, de manière que l'on trouve les trachées en arrière et en dedans, occupant alors la même position que celles des faisceaux latéraux circulaires ; puis, après s'être épuisées dans le rachis de la feuille et dans la feuille elle-même, se réduisent aux trachées qui viennent, comme dans les autres Polypodiacées, former un groupe glanduliforme de cellules bispiralées, cellules vasculaires, sous chaque groupe de sporange.

Nous avons également fait cette étude sur le *Ceterach canarensis*, où elle est plus facile ; nous avons trouvé, sauf les proportions, la même structure.

A partir du *Ceterach off.*, la forme des vaisseaux ne se modifie plus beaucoup ; seulement la forme des faisceaux décrit des figures très-différentes, suivant l'individu que l'on analyse : nous en donnons quelques figures, pl. VII, fig. 3, prises dans chaque tribu.

Quel rapport y a-t-il entre la forme du faisceau vasculaire et la forme de la tige? Le plus souvent cette apparence de ressemblance n'est que relative, la vraie raison nous échappe ; peut-être y a-t-il un rapport entre le mode de nutrition et les propriétés chimiques de la plante, c'est ce qu'il faudrait chercher à vérifier par l'analyse.

Les faits les plus remarquables de structure des Polypodiées sont les suivants. Dans le *Polypodium vulgare* (pl. VII, fig. 30), on ne trouve qu'un cercle de faisceaux vasculaires irrégulièrement oval; les trachées forment une couche continue à la face interne de cet anneau; sous les sporanges on voit une masse à forme glandulaire de cellules spiralées, cellules vasculaires, qui manquent quand la fructification avorte, et réciproquement; la forme de l'amas de cellules vasculaires est différente de ce que nous avons vu jusqu'ici; elles se sont développées là aux dépens d'une portion du tissu cellulaire de la plante qui a avorté. Ces cellules (pl. VII, fig. 1) ont $0^{mm}03$ de longueur sur $0^{mm}027$; elles sont plus volumineuses que les trachées et ressemblent beaucoup à l'appareil dit glanduleux des poils du Drosera. Elles doivent être plutôt considérées comme un glomérule vasculaire que comme un appareil glanduleux. Toujours est-il que, chaque fois que nous rencontrons ces appareils, ils sont toujours développés proportionnellement au degré de vitalité et de nutrition qu'exigent les organes reproducteurs, qu'ils accompagnent toujours.

Dans toutes les autres Polypodiées, que les groupes de sporanges soient épars ou disposés en série régulière, ils sont toujours accompagnés des cellules vasculaires de même forme que celles que l'on rencontre à ce niveau. Dans les autres Polypodiées, nous trouvons seulement des modifications dans la proportion et le volume des vaisseaux; les trachées sont toujours situées dans un point qui semble indiquer un centre de

tige par leur position relative les unes aux autres.
Tels sont les principaux faits de structure vasculaire
qui se relient aux Polypodiacées nues.

La seconde sous-tribu offre un caractère un peu différent, les groupes des sporanges sont munies d'un indusium ; il était curieux de voir s'il existait dans leur
structure quelque rapport avec la disposition des cellules vasculaires que nous avons mentionnées sur les
capsules des Ophioglossées ; il n'y en a aucune, le
groupe des cellules vasculaires cesse à l'insertion même
de l'indusium, par conséquent il n'y a aucun rapport
de similitude entre les capsules et les indusium. Dans
les Aspidiées, un caractère frappe de suite l'observateur dans la composition de leur système vasculaire ;
le nombre et le volume des trachées est tellement considérable que les autres vaisseaux entrent à peine pour
un tiers ; les trachées ont $0^{mm}01$, puis, dans les genres
suivants, nous ne trouvons plus à faire de remarques
saillantes. Les genres *Polystichum, Cystopteris, Asplenium,
Scolopendrium, Blechnum,* ne présentent dans la structure
de leur système vasculaire que des différences secondaires. Dans le genre *Adianthum* on trouve une modi-
fication assez curieuse de son système de cellules vasculaires dans l'*Adianthum capillus Veneris* ; les vaisseaux
se prolongent en groupes dichotomes jusque dans l'indusium (pl. VII, fig. 2-3) ; là, au point d'insertion des
sporanges, on trouve autour du vaisseau principal des
cellules vasculaires spiralées, en petit nombre et situées sur les parties latérales du vaisseau ; dans le
genre *Allosurus,* les vaisseaux qui partent de la nervure moyenne envoient également un vaisseau spiralé
accompagné de longues cellules spiralées sur les parties
latérales du vaisseau ; on retrouve dans ce genre quel-

que chose d'analogue à ce qui a lieu pour les capsules des Ophioglossées ; ces cellules forment des séries qui se divisent et couvrent une grande partie de la surface de l'indusium. Ce mode d'organisation semble au premier abord être en contradiction avec la structure exclusivement épidermique des indusium que nous avons observés jusqu'à présent ; cette contradiction d'un côté et cette ressemblance d'une autre part, avec les capsules des Ophioglossées, ne sont qu'apparentes ; en effet, dans les Ophioglossées la capsule n'est pas un indusium, sa structure anatomique l'indique, c'est un vrai sporange développé aux dépens des éléments de la feuille. Dans les Polypodiées et genres suivants, l'indusium n'est formé qu'aux dépens de l'épiderme, et dans l'Allosurus il est formé aux dépens des éléments de la feuille ; l'identité de structure existe, mais non l'identité de fonction et d'organe.

Dans le genre *Cheilanthes,* l'indusium formé par la réflection de la fronde présente le maximum de développement des cellules vasculaires ; les deux tiers inférieurs de l'indusium ont la presque totalité de leur tissu constitué par les cellules dont environ les quatre cinquièmes sont striés, le reste spiralé.

Enfin, dans le dernier genre, le genre *Hymenophyllum*, ce même caractère se retrouve dans l'indusium claviforme, dont les parties latérales ne sont que des transformations de la fronde ; les trachées très-petites ont $0^{mm}0035$.

Pour ces derniers genres, nous n'avons insisté que sur ces points du système vasculaire qui sont les seuls qui soient bien tranchés : les autres parties du système vasculaire ont à peu près la même structure avec un plus ou moins grand nombre de formes de vaisseaux dont nous avons supprimé la description pour éviter les répétitions fatigantes.

Nous n'avons point tracé l'anatomie des rhizomes ; elle est en tout semblable à celle des tiges ; la seule différence existait dans les racines. Nous l'avons mentionnée, insistant surtout sur les cellules vasculaires que l'on rencontre en groupe dans toutes les jeunes Fougères de première, deuxième et troisième année, et surtout dans le premier rhizome.

RÉSUMÉ.

D'après ces analyses, on constate, 1° que les vaisseaux scalariés, qui sont regardés comme la caractéristique organique des Filicinées, n'apparaissent que dans les groupes où le système vasculaire a acquis son maximum de développement : Lycopodiacées, Filicées ; dans le premier groupe les premiers vaisseaux scalariés apparaissent avec les Marsiléacées et se continuent dans les Lycopodiacées.

Dans le second groupe la première apparence de vaisseaux scalariés se montre incomplétement (*Ophioglossées*) sous forme de boutonnière plutôt que de scala avec forme et déhiscence spéciale du sporange, puis (*Osmondées*) prédominance des caractères extérieurs des Fougères, sporange encore capsulaire, apparition de vrais vaisseaux scalariés se succédant dans toutes les autres tribus avec différence seulement de nombre, de proportions, de forme avec les autres vaisseaux.

2° Les trachées qui ont été niées par un grand nombre de botanistes sont au contraire les seuls vaisseaux qui se rencontrent d'une manière constante dans toute la série des Filicinées ; elles occupent toujours directement ou indirectement le centre des faisceaux vasculaires, quand ils sont annulaires, la couche intérieure (*Osmonda regalis*), quand ils sont latéraux. Elles sont situées au centre de la tige, du côté où les deux anneaux se regardent (*Polypodium driopteris*) (pl. VII, fig. 3, *a, b, c, d*) ; quand ils sont plus nombreux, c'est toujours du côté du centre qu'elles seront (*Botrychium lunaria*) ; quand le faisceau est longitudinal, elles seront au milieu du faisceau (*Polypodium phegopteris*). C'est l'observation de cette position constante des trachées et de leur rapport avec les différents points de l'axe, qui peut faire considérer une Fougère comme une plante dont les éléments ont été séparés, ou comme plusieurs plantes dont les éléments sont réunis par un tissu médullaire épars.

3° Le premier vaisseau qui apparaît dans toute la série des Filicinées et qui souvent existe seul dans les deux ou trois premières années est une trachée.

4° La présence de cellules vasculaires est un fait constant dans toute la série ; elles se rencontrent toujours dans les premiers développements de rhizome, de bourgeons souterrains comme centre d'activité vitale ; soit autour, soit au voisinage de tous les sporanges, là où la nutrition a besoin d'un centre de renforcement des fonctions de premier ordre, formation des corps qui doivent concourir à l'entretien de l'espèce. L'avortement de l'un des deux systèmes organiques entraîne l'autre ; ces cellules peuvent 1° s'étendre en ramifications, soit sur la surface (*Ophioglosse*), soit dans l'intérieur (*Pilulaire Marsilea*) des sporanges ; 2° former des glomérules vasculaires (*Polypodium*); 3° accompagner les trachées qui se rendent à l'indusium (*Adianthum, Cap. V, Cheilanthes, Hymenophyllum*); 4° les cellules ne se rencontrent jamais sous cette forme dans les phanérogames ; 5° elles sont l'origine du système vasculaire ascendant et descendant.

D'après les analyses qui précèdent on voit que les vaisseaux scalariés, qui sont regardés comme la caractéristique des Filicinées, ne se trouvent que dans les deux familles qui terminent chaque groupe, Lycopodiées, Filicinées.

Le système vasculaire, simple dans les premiers genres, se complique de plus en plus à mesure que les organes de reproduction deviennent plus complets dans chacun des deux groupes.

Les trachées, dont la présence a été niée dans les cryptogames vasculaires par presque tous les botanistes sont, au contraire, le genre de vaisseaux dont la présence est constante, et si, dans deux cas, dans la plante adulte on ne les retrouve point, c'est qu'elles ont été atrophiées, car dans la jeune plante on les trouve toujours.

Le premier vaisseau qui apparaît toujours est une trachée déroulable.

Dans toutes les Filicinées, pour les unes durant toute leur existence, pour d'autres au moment où se forme le rhizome ou les bourgeons annuels, on trouve un centre de vitalité représenté par des cellules vasculaires courtes, variables de forme, suivant les genres, qui sont le point de départ du système vasculaire ascendant et descendant.

Tous les organes reproducteurs de toutes les Filicinées sans exception sont accompagnés de cellules vasculaires que l'on peut comparer à des réservoirs d'activité vitale, à des renforcements d'organes servant à la nutrition partout où doit s'accomplir une formation importante, celle des organes de reproduction. L'avortement de l'un ou l'autre entraîne avec lui l'avortement du système organique correspondant.

Enfin les caractères tirés de la structure des systèmes organiques, et en particulier du système vasculaire, coïncident parfaitement avec les caractères biotaxiques tirés des organes de reproduction ; par conséquent les lois générales de la biotaxie, basées sur l'étude de l'anatomie des systèmes organiques, sont parfaitement applicables aux Filicinées.

CONCLUSION.

D'après ce résumé, nous voyons que la structure du système vasculaire peut entrer, au même titre que les caractères des autres systèmes organiques des Filicinées, comme terme de comparaison dans la classification, et que les lois générales de la biotaxie se trouvent en concordance. Nous ne voulons point dire ici que ce soit à l'aide d'un seul système organique que l'on puisse faire une classification ; loin de là notre pensée, mais du moins, quand, dans une série progressive, les modifications d'un système anatomique permettent déjà d'établir de grandes divisions, ces modifications en entraînent d'autres dans les autres systèmes organiques qui permettent de resserrer de plus en plus les liens qui doivent établir la succession des êtres. L'analyse anatomique que nous avons faite permet donc de constater que la structure intérieure des Filicinées n'entraîne pas avec elle des contradictions avec les caractères tirés des organes de reproduction, comme nous le remarquons pour les phanérogames, et que, pour cet embranchement, les lois qui président en zoologie à la classification des êtres sont également applicables à la classification des Filicinées.

HISTORIQUE ET BIBLIOGRAPHIE.

L'histoire des découvertes histologiques faites en botanique ne remonte point à une date très-ancienne ; les progrès que ces travaux ont faits suivent les progrès que la construction du microscope a faits elle-même.

Les premiers microscopes remontent à Z. Jansen, 1590; il faut aller jusqu'à Euler, 1774, pour trouver les premiers microscopes achromatiques.

Tous les travaux antérieurs au XVIIme et à cette portion du XVIIIme siècle ne contiennent donc que des recherches encore imparfaites, et l'histoire de ces travaux ne peut réellement commencer qu'à partir de cette époque (pour l'histologie végétale bien entendu).

Les travaux qui existent sur les cryptogames vasculaires contiennent, pour la plupart, des détails très-intéressants, très-nombreux, sur la forme, le développement, les caractères, qui doivent servir à la classification ; — un petit nombre s'occupe de l'anatomie ; — enfin, un plus petit nombre encore s'occupe de la structure du système vasculaire qui fait le sujet de ce travail.

C'est là ce qui nous a engagé à examiner les écrits qui ont été faits sur cette partie de la botanique, à les réunir, à les analyser dans ce qu'ils ont de spécial à notre sujet, et à compléter par des observations minutieuses, faites avec les meilleurs instruments d'aujourd'hui, cette partie de l'histologie cryptogamique.

Nous placerons donc l'historique non point après chaque famille, mais à la fin même du travail, analysant les principaux travaux siècle par siècle, suivant leur ordre de succession, en choisissant ceux seulement qui ont été les plus remarquables.

Ne connaissant point la langue allemande, nous regrettons de ne pouvoir donner que des analyses incomplètes des ouvrages qui sont écrits exclusivement en cette langue. Nous tâcherons de faire pour le mieux en analysant les planches de ceux-ci, rendant compte de ceux qui ont été traduits, comme Hofmeister, en d'autres langues.

Malpighi et Grew soient les premiers naturalistes qui se sont servis du microscope pour examiner la structure des plantes, et c'est à ces excellents observateurs que l'anatomie des plantes doit son origine. Avant eux on ne trouve presque point de travaux de cet ordre.

1650. Bauhin (J.) (*Historia univ.*, Yverdun) n'a pas même encore constitué les familles des Fougères.

1665. Malpighi (An. Pl. 2, v.) ne donne encore que quelques ébauches, mais déjà bien belles pour l'époque et le genre d'instruments qui existaient.

1671. Bauhin (G.) (*Pinax theatri botanici*, Bâle, 1671, in-4°) ne fait faire que des progrès insignifiants à cette partie de la botanique; on ne trouve encore que quelques tentatives de divisions des Fougères.

1675. Grew (Trad. de l'anglais par Vasseur, *Anat. des Plantes*) ne donne aucuns détails sur la structure du système vasculaire des plantes cryptogames.

1688-1704. Ray (bot. angl.) fait connaître le genre Isoëtes en décrivant l'espèce propre aux lacs du pays de Galles (I. Lac, *Hist. Plant.*, 3 vol. in-f°, 1686-1704).

1697-1726. Dillen (*Mémoire sur l'Isoëtes*, 1730, Nova pl. Gen., 1718) fait connaître la fructification à la base des feuilles, et fait graver la plante dans son Histoire des Mousses, l'appelant *Calamaria*. — Rien encore sur la structure microscopique.

1719. Tournefort (*Institutiones rei herbariæ*) fait de nouvelles tentatives de divisions des Fougères.

1729. Micheli (Nov. pl. Gen., 1729, fl. p. 107, tab. 58, tab. 4) représente les Salvinia et Marsilea et considère ce dernier comme une Hépatique, sans détails sur la structure intérieure.

1736-1751. Linné, dans ses différents ouvrages, ne donne pas encore de détails sur les vaisseaux des plantes cryptogames.

1739. Jussieu (Bern. de) (*Mém. Acadèm. des Sciences.* Histoire d'une plante connue par les botanistes sous le nom de *Pilularia*) démontre les rapports que cette plante peut avoir avec les Fougères; on y trouve des faits merveilleusement observés pour l'époque ; — rien encore des vaisseaux.

1758. Reichel (Leipsick, *Diss. de vasis spir.*) ne parle point des vaisseaux des cryptogames vasculaires.

1758. Duhamel (*Physique des arbres*, 1760, t. 1) ne donne point de détails sur cette partie du système vasculaire.

1806. Wart limite et sépare les Fougères des Lycopodiacées.

1806. Swartz (*Synopsis filicum cum genera et species Kilicœ*) ne donne point de détails sur les vaisseaux.

1805. La Société royale de Gœttingue propose un prix pour un travail sur la structure des vaisseaux des plantes. Ce prix est partagé entre :

1806. Treviranus. Dans ce travail il représente l'Asp. scol. sur une coupe verticale et transversale avec des vaisseaux ponctués et scalariés; le dessin en est confus et ne permet pas de voir nettement ce qu'il a voulu représenter.

    2° Rudolphi (*Anatomie des plantes*).

    3° Linck, qui a apporté quelques éclaircissements à cette partie de la botanique et signalé qu'il emploie la cuisson comme procédé de préparation des plantes.

1810. Willdenow classe les Fougères en six familles (*Species plantarum*, 1810).

1810-1830. Endlicher (*Genera plant.*) et Kaulfuss les élèvent à la condition de classe. Ces auteurs n'entrent dans aucun détail du sujet qui nous occupe.

1820. Savi (P.), *Continuazione della ric. sulla Salvinia natans*, 1ª memoria, Nuovo Giornale dei letterati, scienze, n° 51), n'y trouve point de vaisseaux.

1824. Dutrochet (*Structure et motilité des animaux*) mentionne la spire non déroulable des trachées que Linck a déjà décrite dans les Fougères, mais il ne s'arrête pas davantage sur ce sujet.

1825. Duvernois et Schuber (*de Salvinia natante cum aliis quibusdam sociatis plantis crypt. compar.*, in-4°, Tubinge, 1825). Dans ce travail, où il ne mentionne qu'un petit nombre des auteurs qui ont écrit avant lui, il ne dit rien des vaisseaux de cette plante.

1827. Delille-Raffeneau (*Végétation de l'Isoëtes setacea*, 1827) nous apprend que cette plante fut découverte près de Montpellier, en 1773, par l'abbé Duvernoy; il ne donne point de détails sur le système vasculaire de la plante.

1827. De Candolle (*Organographie végétale*, t. 1, p. 233) ne mentionne que des vaisseaux rayés (ce sont les vaisseaux scalariformes dont il veut parler) dans les Fougères ; il n'en-

5

tre dans aucun détail sur leurs rapports, leur disposition, leur structure; il mentionne des vaisseaux rayés et ponctués pour les Lycopodiacées. Dans les Equisetum il mentionne des vaisseaux rayés et ponctués, mais point de trachées; il décrit la manière dont ils se dirigent vers les ramifications. Dans les Isoëtes il n'en décrit point, mais suppose qu'il doit en exister.

1828. Brongniart (*Végétaux fossiles*, 2 vol. in-4, 1828, t. I, p. 97). L'auteur doute que dans les cryptogames vasculaires il y ait de véritables trachées. Il n'a, dit-il, observé que des vaisseaux annelés qui manquent dans quelques plantes (p. 101). Les *Equisetum* n'ont, suivant l'auteur, que des vaisseaux annelés; dans l'*Equisetum fluv.*, l'E. Cim., ils sont faciles à découvrir; plus petits dans l'E. *hyemale*, p. 111. Ces plantes seraient analogues aux Calamites, p. 158. Le *Polypodium vulgare* n'aurait que des vaisseaux ponctués, annelés et scalariés. De la structure des plantes vivantes, il conclut à la structure des plantes fossiles; il mentionne, pour le *Sigellaria* en général, trois centres vasculaires dont les concavités regardent en dedans, p. 407. Les Fougères, en général, présentent des faisceaux vasculaires : 1° en fer à cheval plus ou moins flexueux, à concavité dirigée en bas, Pteris, etc.; 2° latéraux, Aspidium, etc.; 3° en nombres impairs, Polypodium, Blechnum, etc. La seconde disposition est celle qui a le plus de rapport avec le Sigellaria.

T. II, p. 1. Pour les Lycopodiacées, dont les fossiles sont plus nombreux, chaque cicatrice ne présente qu'une seule cicatrice centrale représentant un seul faisceau vasculaire. L'axe est formé d'un cylindre central composé des vaisseaux et de tissu cellulaire délicat entre ces vaisseaux. Ceux-ci forment des rubans aplatis, diversement repliés et occupant l'axe dans toute sa longueur. Ces faisceaux tantôt se réunissent, tantôt s'écartent; ce qui donne des formes différentes à la coupe, suivant la hauteur à lquelle on la pratique, p. 18. Le nombre des faisceaux vasculaires superficiels paraît être en rapport avec le nombre des feuilles. Ces vaisseaux sont inégaux, colorés en jaune. On trouve à ces vaisseaux des fentes transversales traversant la paroi. Ces fentes se correspondent pour chaque vaisseau, et sont si rapprochées qu'il est difficile de savoir si une membrane ferme les orifices. Ils se terminent en pointe et non en faces planes, comme dans les Fougères. L'absence des trachées est commune aux Fougères et aux Lycopodes. Dans l'Isoëte, il ne mentionne que des vaisseaux spiro-annulaires.

Nous voyons par ce résumé que ce travail, malgré ce qu'il laisse à désirer sous le rapport seulement de l'étude du système vasculaire, est un des plus beaux monuments de notre siècle.

1832. Schultz (*Classification des plantes d'après leur organisation;* Berlin, 1832) ne donne aucun détail sur le système vasculaire des cryptogames.

1828. Bischoff (*Organisation des rhizocarpées,* 1828) montre dans le *Marsilea* des trachées déroulables.

Dans son *Traité de l'organisation des plantes cryptogames,* 1828, il décrit et figure les vaisseaux spiro-annulaires des Equisetum, avec l'épaisseur considérable des spires. Il montre très-bien la situation des vaisseaux au niveau des lacunes intérieures, et signale la présence des trachées dans le premier âge.

Dans la portion du travail où il s'occupe des Lycopodiacées, il représente parfaitement la forme que prennent les faisceaux vasculaires, suivant la hauteur à laquelle les coupes ont été faites, et il y signale des vaisseaux scalariformes, spiraux et rectiformes.

Dans le *Salvinia natans,* il représente des trachées et quelques vaisseaux annulaires.

Les recherches de Bischoff, on le voit, ont donc déjà fait faire un certain nombre de progrès à cette partie de l'anatomie des cryptogames, mais laissent des lacunes.

1828–36. Hugo Mohl (*De str. filicum, ann.* 1844, *icones selectæ pl. crypt.,* 1827, p. 42, en tête l'ouvrage de Martius). Dans ce magnifique ouvrage on rencontre un grand nombre de détails, mais peu sur le système vasculaire. Il parle de la disposition des systèmes vasculaires (*Alsophila*) ; répète ce que Sternberg a déjà dit, que les vaisseaux sont disséminés, un peu sans ordre ; il décrit les faisceaux vasculaires flavescents comme situés en dedans de la partie corticale, stratifiés par ordre de vaisseaux et ayant une disposition en rapport avec l'insertion des feuilles.

Tab. XXXI, il ne représente que des vaisseaux scalariformes à raies alternes, des vaisseaux poreux, ponctués, à parois indépendantes ; ne mentionne point les trachées.

Il insiste sur la coloration brune des vaisseaux des Polypodiées, et l'épaisseur de leurs parois.

, Il indique à peu près la même structure pour les Psilotum, Marsilea, Pilularia.

1836. Presl (*Tentamen pteridogr.*) établit les genres des Fougères,
sans s'occuper des autres parties relatives à la structure
intérieure.

1836. Leche (*De pilularia. Diss. bot. quam publice defendet J. G.
Agardh. respondente Leche*, pag. 12-14, ut in salvinia
sic in pilularia; — vasa spiralia, fig. 19 — fig. 21, va-
saque scalaria).

Il y a erreur; les prétendus vaisseaux scalariés sont
des vaisseaux ponctués, mais à ponctuation à grand diamètre transversal qui, à un faible grossissement, en im-
posent pour des vaisseaux scalariés.

1839-40. Brongniart (*Arch. du Muséum. Mém. sur le Sigillaria elegans*). Dans ce mémoire, p. 413, il mentionne des vaisseaux à stries transversales et spiralées. Les vaisseaux
rayés passent souvent à l'état réticulé. Enfin, par points,
les vaisseaux semblent de fausses trachées.

L'auteur constate aussi des utricules striées et spiralées
qui les font ressembler presque et servent d'intermédiaire aux trachées à spires multiples et vaisseaux striés
des Fougères et Lycopodiacées, occupant la même position que les trachées des phanérogames. Les trachées
sont par faisceaux isolés et en petit nombre dans ces
faisceaux; les plus petites sont au centre; de même pour
les autres vaisseaux. Enfin, les faisceaux vasculaires seraient contournés sur eux-mêmes, laissant passer en certains points des rayons médullaires; ce qui leur donne
une disposition en série rayonnante d'après la forme du
système vasculaire comparée à celle d'autres plantes. Le
Lepidodendron harc., Lycop. phleg., le Sigillaria, etc., se
rapprochent des Fougères; mais la disposition des vaisseaux et des rayons médullaires, n'appartenant qu'à des
dicotylédones gymn., les rapprocherait aussi de ce
groupe. Les caractères négatifs, d'un côté comme de
l'autre, sur certains points, l'ont déterminé à faire des
Sigillaria et Stigmaria une famille spéciale, entièrement
éteinte, appartenant probablement à la grande division
des dicotylédones gymnospermes, mais dont on ne con-
naît ni les feuilles ni les fruits.

Bien que ce travail soit en dehors du sujet qui nous occupe, nous n'en avons pas moins donné l'analyse dans ce qu'il a de spécial quant au système vasculaire par rapport aux rapprochements éloignés des Sigillaria avec les Lycopodiacées, et au doute laissé par l'auteur sur la place que doit occuper cette plante dans la classification, en la plaçant provisoirement dans les dicot. gymnosp., jusqu'à ce que les feuilles et les fruits soient connus.

1841-42. Link (*Icones Ann. Bot.*, 1841, Berlin, Ms.) décrit pour le genre Aspidium des vaisseaux scalariformes et des vaisseaux annulaires ; tabl. I-II, pour les Polypodiées, des vaisseaux ponctués à trois rangées de ponctuation.

Pl. III, il figure les glomérules de cellules vasculaires, décrit des vasa spiralia in nervo. — 1842. Il décrit dans les Ophioglosses ces mêmes vaisseaux, et les représente pl. I, tabl. I. — Il les décrit également dans la tige et les racines du Botrychium.

Il mentionne les formes variées que prennent les coupes transversales des Lycopodiées, suivant la hauteur où se fait cette coupe. Tab. II, il y mentionne des vaisseaux ponctués et des vasa spiroidea (vaisseaux spiroannulaires).

Il décrit les cellules vasculaires non-seulement dans les cryptogames vasculaires, mais encore dans d'autres ; les pétales, par exemple, du Primula sinensis.

Il décrit les vaisseaux scalariformes et annulaires, les représente, pl. I, tab. II, dans le genre Aspidium.

Il décrit également les vaisseaux à trois rangs de ponctuation du genre Polypodium.

Tab. III, il représente les glomérules vasculaires et les vasa spiralia in nervo des Fougères.

1842. Dans cette seconde partie de son travail il analyse et donne la représentation (fig. 1, t. I) des coupes de l'Ophioglosse ; fig. 2, celles de la racine ; fig. 3 et suiv., les coupes des tiges et racines du Botrychium.

Puis il décrit et représente, tab. II, les différentes figures que donnent les coupes des Lycopodiées, suivant la hauteur où cette coupe est pratiquée, et il en décrit les vaisseaux scalariés ponctués et les vasa spiroidea. Pour lui, ce ne sont point encore de véritables trachées comme celles que nous avons trouvées.

Tab. III, fig. 2, Osm. reg., coupe de tige. On voit des

faisceaux ligneux avec des vaisseaux ayant la forme spi-
·ralée (spirodeis sed spirodeis tripinnatis), c'est-à-dire
que ce sont des successions de points ayant la forme spiralée, puis, plus loin, des vaisseaux scalariés.

Tab. V. A propos du Psilotum triquetrum (fig. 2), on
voit, dit-il, des vaisseaux poreux.

Idem, fig. 16. Les Polypodiées ont, dit-il, des vaisseaux
spiraux et à forme spiralée. Fig. 12, il représente les cellules vasculaires.

Ce travail est le plus complet qui ait été publié et
contient le plus de détails exacts sur le système vasculaire de ces plantes.

1842-49. Spring (*Monographie de la famille des Lycopodiacées*) ne
mentionne que la figure variable que prennent, suivant
la hauteur des coupes, les faisceaux vasculaires (p. 10).
Page 284, il mentionne le mode de dichotomie de la
Selaginella decomposita, qui a lieu dès que deux vaisseaux sont formés. Dès lors, division en deux rameaux
à un vaisseau, cellules du liber se transformant en
vaisseaux; puis, nouvelle division, etc. — P. 288, les
cellules du centre de la tige s'allongent pour devenir des
vaisseaux.

1844. L. Suminski (Berlin, 1848, in-4°, *Ann. sc. nat.*, 1844.
Analyse et traduction par M. Duchartre). L'auteur,
après s'être occupé de la morphologie et du développement des Fougères, n'entre dans aucun détail sur leur
structure anatomique.

A la même date, il en est de même des travaux de
M. Bischoff sur l'organogénie des Equisetum et de ceux
de M. Thuret sur le développement des Fougères.

1844-52. Fée (*Mémoires sur la famille des Fougères*. Strasbourg,
1844, premier mémoire). Dans ce magnifique ouvrage,
on trouve des détails intéressants; on y trouve : Avant
Bauhin, la famille des Fougères n'était pas constituée; en
1806, Wart la limite et la sépare des Lycopodiacées; en
1810, Wildenow classe les Fougères en six ordres ou
familles. Endelicher, *Genera plantarum*, Kaulfuss, les
élèvent à la condition de classe. Presl, 1836, dans ses
Essais de Ptéridographie, établit les genres.

Après ces détails, M. Fée ne parle que de la variation
qui existe entre le nombre des faisceaux vasculaires
(*Hist. des Acrostichées*).

1851. Hofmeister (W.)(Leipsig, 1851, in-4°. *Recherches comparatives sur la structure et la classification des cryptogames*).Il représente, t. XVIII, les vaisseaux annelés et spiralés des Equisetum ; t. XXV, les vaisseaux et cellules du *Selaginella Galeoti*. Nous regrettons que l'ignorance provisoire de la langue allemande nous empêche de pouvoir donner de plus amples détails sur ce beau travail dont nous signalons l'existence.

1852. Richard (*Nouv. Elém. de Bot.*, in-8°) ne mentionne que des vaisseaux scalariformes, rayés et annulaires, sans les décrire ni les comparer.

1856. Mettenius (*Filices horti botanici Lipsensis*, 1856). Dans la partie latine, point de détails sur les vaisseaux ; la partie allemande, à notre grand regret, nous échappe par impossibilité de traduire.

1859. Bert (*Bull. Soc. philom.*, 1859, p. 307) mentionne les trachées, surtout dans la partie terminale des jeunes Fougères. Il ne s'occupe point de leur présence dans les autres Filicinées, et il maintient qu'elles occupent la partie centrale des faisceaux vasculaires. (Voir également *Bull. Soc. bot.*, 1859, p. 352.)

1862. Gay (*Bull. Soc. bot.*, 1862), dans une note sur quelques Filicinées, ne dit rien du système vasculaire.

1862. Kinely Birgdman, ann. and. *Magaz. of a nat. hist.*, 3ᵉ s., t. VIII, p. 49 ; *in ann. Sc. nat.*, t. XVI, 4ᵉ s., p. 365, *Scolop. vulg.*

Dans ce mémoire, l'auteur a observé que les anomalies des Fougères se reproduisent par les spores prises sur les points d'une fronde dont la nervation a subi des déviations, et par conséquent avec les anomalies de nervation apparaissent les anomalies de distribution des faisceaux vasculaires.

1863. J. Hanstein (*Ann. Sc. nat.*, t. XX, 4, 5, 1863, traduction du Dʳ Kresz, p. 149 et pl. XIV). Nous trouvons le système vasculaire du sporange du Marsilea parfaitement représenté (*Marsilea salvatrix*), et qui paraît avoir une conformation analogue à celle que nous avons observée dans le *Mars. quad.* C'est, suivant cet auteur et suivant Mettenius (*Marsilea pubescens*), dans le tissu parenchymateux situé à la face interne de la seconde couche du tissu fibreux et à la face externe des cellules contenant une matière gélatineuse que se trouvent les faisceaux vasculaires.

C'est là aussi que nous les avons trouvés se terminant par de courtes cellules vasculaires, mais en petit nombre.

1863. Mirbel (*Anat. et Phys. végétales*, t. I, p. 65) démontre que le centre des Lycopodiacées présente un cylindre épais et composé en grande partie de fausses trachées, et sous ce nom comprend les vaisseaux scalariformes tels qu'il les a vus se déroulant en lames transversalement coupées de fentes.

1864. Duval-Jouve (1864, *Hist. nat. des Equisetum de France*). Dans ce travail, on trouve, plus que dans ceux qui ont précédé, une bonne description des Equisetum.

L'indication, dans chaque genre et dans chaque espèce, des modifications que les faisceaux subissent.

La description des cavités dans les tours du spire. — Il est un petit travail encore inédit, mais lu à la Société botanique, que nous analyserons.

Le 17 avril, à la séance de la Société botanique, nous entendîmes un excellent travail de M. D.-Jouve sur les vaisseaux scalariformes; nous avons, comme lui, constaté le déroulement spiral des vaisseaux scalariés par bandes, contenant quatre *scalæ;* mais les vaisseaux scalariés n'ont point du tout dans leur jeunesse le même diamètre qu'ils auront plus tard. Nous avons vérifié et mesuré sur tous les semis qui se sont succédé depuis trois ans de toutes nos Fougères, et nous avons constaté que les vaisseaux sont bien plus petits dans la jeune plante que dans la plante adulte. Nous avons pris au hasard deux Fougères : l'une, le *Polystichum thelypteris*, et le premier vaisseau a juste le 1/3 du vaisseau adulte. Dans l'*Osmonda regalis*, le jeune vaisseau scalarié a $0^{mm}005$, et dans la plante adulte il a de $0^{mm}020$ à $0^{mm}025$, et de même pour toutes les autres Fougères (préparations). Les trachées ne se terminent point non plus en pointes aiguës, mais en pointes mousses allongées, il est vrai, mais formant cul-de-sac, comme cela a lieu pour leur terminaison dans les feuilles (préparations).

Nous avons également cherché dans les extrémités terminales des vaisseaux non-seulement à faire passer de l'air, mais des liquides et des matières colorées. Là où deux vaisseaux sont accolés, existe réellement une cloison qui, sous la moindre pression, se déchire et produit le phénomène du grillage mentionné par notre vénéré maître

M. D.-Jouve; mais cette formation est artificielle là où
les cloisons existent. La matière qui les forme est bien
moins dense; quand on la traite par les réactifs, elle se
dissout complétement, tandis que le vaisseau résiste parfaitement. Pour avoir l'exacte vérité sur ces faits, c'est
avec de forts grossissements $\frac{450}{1}$ à $\frac{650}{1}$ qu'il faut observer,
et sur des préparations d'une minceur et d'une transpa-
rence parfaite que l'instrument n'a point dilacérées.

1864. Brown (Al.) (*Ann. Sc. nat.*, s. 5, t. I, p. 76, *Recherches sur
les Marsilea et les Pilularia*).

Dans ce mémoire, l'auteur ne signale, pour la partie
anatomique, que les faits suivants : Dans le Pilularia, les
faisceaux vasculaires des fruits sont à division dichotome,
ou trichotome à direction longitudinale. Dans les Marsilea
ils ont la forme pennée, ils ont une direction oblique
correspondante aux sores et font saillie un peu en dehors.

1864. Al. Brann (*Ann. Sc. nat.*, 1864, t. II, s. 5, p. 383) donne une
assez bonne description du système vasculaire de l'Isoëtes.
Il dit : Au-dessus et au-dessous du corps en fer à cheval du
glossopodium, on voit de nombreuses cellules et fibres
spiralées semblables aux cellules du corps ligneux de la
tige, se dirigeant presque horizontalement, celle de la
partie inférieure vers la selle d'où elles se répandent plus
ou moins en direction ascendante dans la base, tandis
que celles de la partie supérieure vont en s'élevant à la
paroi postérieure de la fosse linguale. Ces cellules furent
d'abord observées par Mettenius (*Linnœa*, 1847, p. 372).
Le faisceau vasculaire se trouve placé derrière le sporange; un seul faisceau vasculaire traverse la feuille.
M. Caspary les appelle faisceaux cellulaires conduc-
teurs avec cellules spiralées et annelées. Ces cellules
annulaires et spiralées allongées constituent la partie
inférieure du faisceau un peu comprimée. Au centre
du faisceau se voit une petite cavité plus ou moins
grande. Un seul faisceau vasculaire traverse la feuille.
Passant par la face dorsale de cette dernière, il se courbe
dans la région linguale vers la face antérieure, puis
s'avance dans la partie supérieure de la feuille. C'est lui
qui, réuni au parenchyme dont il est enveloppé, constitue l'axe central de la feuille d'où partent les cloisons.

Quoique un peu confuse, c'est la meilleure description
faite des vaisseaux de l'Isoëtes.

1867. Duchartre (*Éléments de botanique*, p. 219) (racine). Les aco-
tylédones vasculaires offrent un faisceau vasculaire central simple qu'entoure immédiatement une écorce cellulaire; les vaisseaux vont décroissant du centre à la circonférence : pour les Lycopodiacées, une zone cellulaire
entoure le faisceau, elle est formée de cellules plus petites et plus serrées que dans la tige. P. 185 (tige) l'auteur
mentionne des vaisseaux rayés scalariformes ; p.191 (Equisetum) il mentionne des vaisseaux trachés, annelés, spiro-annelés.

1868. Le Maout et Decaisne (*Bot. élém.*, 1868). L'auteur mentionne
p. 669 à l'Isoëtes des vaisseaux spiraux et annelés; p. 111
des vaisseaux annelés, rayés, scalariformes; pour les Fougères les trachées *manquent constamment*.

1868. Baillon (*Payer revu par M.*). Dans cet ouvrage on trouve
les indications du système vasculaire, mais effleurées seulement, comme dans les autres ouvrages écrits à cette
époque.

Si nous comparons les travaux qui ont été faits jusqu'à ce jour,
malgré leur nombre, nous voyons que cette partie de l'anatomie
végétale (système vasculaire) avait été reléguée, pour les cryptogames vasculaires, au second plan.

Dans ces travaux, ce sont surtout les vaisseaux des Fougères
qui ont été le plus étudiés; mais encore, si trois auteurs ont si-
gnalé la présence des trachées, combien d'autres après les ont
niées, et ne sont point entrés dans les détails suffisants sur leurs
formes dans chaque genre, espèce, etc.!

Pour les Lycopodiacées, les descriptions deviennent plus rares et
plus incomplètes.

Enfin, pour les autres Filicinées, les anatomistes passent très-
rapidement sur ce point d'anatomie.

Comparant les travaux épars à ce que l'on pouvait faire pour
combler les lacunes, tenant compte des bons travaux disséminés,
complétant par nos propres recherches ce qu'ils laissent à désirer,
et faisant consciencieusement les recherches qui n'avaient été
qu'effleurées, nous avons cru pouvoir faire un travail qui, nous
l'espérons, laissera moins à désirer et réunira en une seule et même
monographie des détails qui, d'un côté incomplets et épars, d'un
autre manquant complètement, laissent à désirer par la précision
des détails, par l'observation faite à l'aide d'instruments encore in-
suffisants. Il eût été trop long de comparer traité par traité ce en

quoi diffère notre travail des précédents; il suffira de lire d'un côté nos analyses, de l'autre les résumés des travaux faits jusqu'à ce jour, pour se rendre compte des *desiderata* et de ce que nous avons tenté d'apporter de faits nouveaux à cette partie de l'anatomie végétale.

TABLE EXPLICATIVE

DES CITATIONS ET DES AUTEURS CONSULTÉS.

(Dans cette table, les ouvrages marqués d'une *, ne contiennent rien sur le système vasculaire des cryptogames vasculaires, mais peuvent servir à des recherches sur d'autres points d'anatomie très-voisins.)

ADANSON (M.). Familles naturelles des Plantes, 1763, 2 v. in-8. — Supplément de l'Encyclopédie. — Articles sur les plantes exotiques. *

AGARDH. Mém. du Muséum, t. IX, p. 283.

ALPINUS (Pr.) Hist. nat. des Plantes exotiques, lib. XI, 1629. *

BAUHIN (J.). Historia universalis Plantarum. Yverdun, 1650, 3 v. in-fol. *

BAUHIN (Gasp.). Pinax theatri botanici. Bâle, 1671, in-4. *

BERT. Bull. Soc. Bot., 1859, p. 667. — Bull. Soc. Philom., 1859, p. 267.

BISCHOFF (G.-W.). Organisation des Plantes cryptogames, 1828. — Rem. s. l'organisation des Equisetum, Ann. sc. nat., série 3, XIX, 232. — Hist. de la Salvinie, Nova Acta acad. nat. curios., v. IV, p. 45, 1828.

BORY DE SAINT-VINCENT. Compte-rendu Ac. des Sc.

BRIGDMAN. An. and Magas. of nat. hist., t. VIII, 3ᵉ S.

BRONGNIART (Ad.). H. des Vég. foss., 1828-37, 2 v. in-4. — Mém. sur le Sigillaria Elegans. Arch. du M., 1839-40. — Dict. d'Orbigny.

BRAUN (Al.) Prodromus. Flora nova Hollandiæ, 1826.— Mém. sur les Marsilea et les Pilularia, 1828, Ann. sc. nat., s. 5, v. 1, p. 70.

CESALPIN (And.). De plantis. Florence, 1580. *

CORDA. Monog. des Rhyzoc. Prague, 1829. *

DECANDOLLE (A.-P.). Organ. vég., t. I, p. 234. — Élém. de Bot., t. I. — Flore française, t. II, 1813. *

DECAISNE. Botanique élém., 1867. — Fl. fr.

DELILLE. Examen de la vég. de l'Isoëtes setacea. Montpellier, 1827.

DERBEZ et SOLLIER. Mém. Ac. d. sc., t. I. *

DESFONTAINE. Mém. de l'Inst., t. I, p. 478. *

DESVAUX. Prod. filicum. — M. M. Soc. Linnéenne de Paris, 1827. *

DE JUSSIEU (A.-T.). De Pilularia, M. Ac., 1739. *— Éléments de Bot., in-8, 1848.

DELLENIUS (J.-J.). Mém. sur l'Isoëtes, 1720. — Nova plantarum genera, 1718.

DIPPEL HANSTEIN. M. Ac. d. Sc., 1833. *

DUCHARTRE. Élém. de Bot., 1867.

DUHAMEL. Physique. Des Arbres, 1760, t. I.

DUTROCHET. Structure et motilité des animaux, 1824. — Mém. sur l'anat. et phys., 1857.

DURIEU DE MAISONNEUVE. B. Soc. Bot., t, VII, t. IX.

DUVAL-JOUVE. Hist. des Equisetum de France, in-4, 1864. — Étude sur le pétiole des Fougères. Hagueneau, 1856-51, dans les Annotations à la Flore de France et d'Allemagne.

DUVERNOY (G.-L.). De Salvinia natante. Diss. inaug. bot. Tubingen, 1825. — Duvet Schubler.

ENDLICHER. Genera plantarum ac species, etc., 1827-32. *

FÉE. Mém. sur la famille des Fougères, in-fol., 1844-52.

GAUDINAUD. Voyage de l'Uranie, p. Bot., 1826, t. I, p. 281. — Voyage de la Bonite, 1836-37.

GAY. Bull. Soc. Bot., 1862.

GREW. Anat. des Plantes, trad. de Vasseur, in-12, 1682. *

GUETTARD (J.-Et.). Hist. de l'Ac. R. des sc., 1762, p. 148-465.

HANSTEIN. Ann. sc. nat., 1863.

HEDWIG. De fibris animalibus et vegetalibus ortu, 1790. * — Theoria generationis et fructificationis, etc. Éd. 2, p. 105, t. VIII, f. 2, 3.*

HOFMEISTER (W.). Recherches comparatives sur la structure des cryptogames, 1851, in-4.

HOOKER et GREVILLE. Enumeratio filicum, t. II (Bot. Miscell.), 1827. Icones filicum, 1826-31. — Genera, 1842.

HUGO MOHL. De str. filicum, Ann. sc. nat., 1844. — Icones selectæ plant. crypt., 1827.

JUSSIEU (B. de). Hist. ac., r. des sc., 1739.

KAULFUSS. Enumeratio filicum.*

KÆLREUTER. 1755, De quibusdam plantis rarioribus. *

LAMARCK. Encyclop. bot. varia, 1789.

LINNÉ (CH.). Genera pl., 1737. *

LECH. De Pilularia, in-12, 1836.

LINK. 1836. Icones filicum. — Filicum species in horto regis Bot. Berolinense culta, 1841.

LECZIC SUMÉNSKI. Ann. sc. nat., s. 3, 11, 114.

LINDLEY et HÜTTON. Fossil. flora of Great Brit., t. II, p. 45. — Nat. syst. of bot., p. 3, 7.

MALPIGHI. Anat. plantarum, t. II, 1677. *

MARTINS. Icones plant. crypt., 1828-34.

MARTENS et GALEOTTI. Mém. sur les Fougères du Mexique. *

METTENIUS (G.-Felice). Harts Botanici Lipsiensis. Leipzig, 1856.

MICHELI. Nova plantarum genera. Florentiæ, 1799, p. 107, tab. 58. *

MIRBEL (C.). Hist. nat. des vég., t. I, 1863. — Journal de Physique, prairial an IX.

PAYER (J.) [Baillon]. Bot. Crypt. 1850-68.

POIRET. Encyclop. Bot., in-4, 1810. Suppl. art. Acrostichum.

PRESL. Tentamen pterido-graphicæ, 1836.

RADIUS. Plantarum brasiliensium nova genera. Florentiæ, 1825. *

RUDOLPHE. Anat. plantarum, 1810. *

RAY. 1628.

REICHEL. Leipsig. Den. de vasis spir. 1758.

RICHARD. Él. de bot. et phys. vég., 1846.

SANIO.

SAVI. Bib. l., t., t. XX, Sulla Savinia natans, 1820.

SCHULTZ. Classification des plantes d'après leur organisation, 1832, Berlin. *

SCHOTT. Genera filicum, 1834-36. *

SPRING. Monogr. des Lycopodiacées, p. 316.

SWARTZ. Synopsis filicum, 1806. Kilicæ. *

TOURNEFORT. Instit. rei herb., 1819, in-4. *

TREVERANUS. Sur les vaisseaux des plantes. Gottingen, 1806.

VAUCHER. Monogr. des presles, M. Soc. d'hist. nat. de Senevré, t. I, p. 320. — Annales du Muséum, t. XVIII.

WAHLENBORG. Flora laponica, p. 194, tab. 26.

WILLDENOW. Species plantarum, t. V.

EXPLICATION DES PLANCHES.

PLANCHE I.

Figure 1. Coupe transversale de l'Isoëtes histrix, faisceau vasculaire central, point de lacunes verticales, $\frac{425}{1}$.

Figure 2. Coupe longitudinale de l'Isoetes histrix, trachées, vaisseaux annelés, spiro-annelés.

Figure 3. Deux formes d'annelures des vaisseaux annelés, $\frac{500}{1}$.

Figures 4-5. Deux formes des vaisseaux annelés et spiro-annelés, $\frac{650}{1}$.

Figure 6. Cellules vasculaires du rhizome globuleux de l'Isoëtes histrix, $\frac{650}{1}$.

Figure 7. Cellules vasculaires entourant le sporocarpe de l'Isoëtes lacustre, $\frac{650}{1}$.

Figure 8. Cellules vasculaires du Salvinia natans, $\frac{1000}{1}$.

Figure 9. Trachée et vaisseau annelé du Salvinia natans adulte.

Figure 10. Trachée du Salvinia natans quelques jours après sa germination.

Figure 11. Coupe transversale du Marsilea quadrifolia.

PLANCHE II.

$\frac{650}{1}$

Figure 1. Coupe longitudinale du Marsilea quadrifolia.
Figure 2. Coupe longitudinale des vaisseaux trachées, vaisseaux annelés, vaisseaux ponctués de la Pilulaire.
Figure 3. Coupe transversale d'une tige de Pilulaire.
Figure 4. Racine de Pilulaire montrant la manière dont se terminent les vaisseaux.
Figure 5. Disposition du système vasculaire de la face interne du sporocarpe du Marsilea.

PLANCHE III.

Figure 1. Coupe transversale du Lycopodium clavatum montrant la forme étoilée des faisceaux vasculaires, $\frac{295}{1}$.
Figure 2. Coupe longitudinale montrant la forme des vaisseaux, leur succession et l'ondulation de leurs parois, $\frac{650}{1}$.
Figure 3. Lycopodium inundatum, coupe transversale montrant la situation centrale des faisceaux fibro-vasculaires, $\frac{295}{1}$.
Figure 4. Coupe longitudinale, montrant le nombre, la proportion relative des vaisseaux entre eux, la manière différente dont ils se succèdent, et l'ondulation un peu moins prononcée de leurs parois, $\frac{650}{1}$.

PLANCHE IV.

Figure 1. Lycopodium inundatum, coupe transversale, $\frac{650}{1}$.
Figure 2. Coupe longitudinale, $\frac{650}{1}$.

PLANCHE V.

Equisetum.

Figure 1. A. Formes variées des vaisseaux annelés.
$\frac{600}{1}$ B. Forme des vaisseaux spiro-annulaires.
C. Indication montrant que la spire est creuse.
D. Trachée très-petite.
Figure 2. Schème représentant la manière dant les vaisseaux s'agencent au niveau d'un entre-nœud;
a cellules vasculaires donnant naissance en b à deux faisceaux vasculaires pour les parois de deux lacunes voisines, à leur sommet à un cardon vasculaire qui va dans la tige latérale, en e à un faiseau qui va dans la gaine;
en c un faiseau passe directement sur le côté de la masse des cellules vasculaires pour se porter sur le côté interne des lacunes supérieure et inférieure.
Figure 3. Forme et structure de la masse des cellules vasculaires observées en a (Fig. 2).

Figure 4. Coupe transversale de l'Equisetum palustre pour montrer la face des vaisseaux.

Figure 5. Coupe transversale de la gaîne, pour montrer la place des vaisseaux et la trace des lacunes.

PLANCHE VI.

Figure 1. Ondulations des bords des vaisseaux du Botrychium lunaria (lycopodiées id.), $\frac{650}{1}$.

Figure 2. Cellules bispirales de l'épi de l'Osmonda regalis, $\frac{650}{1}$.

Figure 3. Coupe transversale des faisceaux fibro-vasculaires du Botrychium lunaria, $\frac{400}{1}$.

Figure 4. Coupe longitudinale du même, $\frac{650}{1}$.

Figure 5. Disposition des cellules vasculaires sur les capsules de l'Ophioglossum vulgare, $\frac{400}{1}$.

PLANCHE VII.

Figure 1. Cellules vasculaires spirales en glomérules du Polypodium vulgare, $\frac{650}{1}$.

Figure 2. Indusium de l'Adianthum capillus Veneris, $a \frac{200}{1}$, $b \frac{650}{1}$.

Figure 3. Exemple des différentes formes des faisceaux fibro-vasculaires des Fougères de France, $\frac{200}{1}$.

    a. Ophioglossum vulgatum, faisceaux isolés.

    b. Botrychium lunaria, faisceaux isolés.

    c. Osmonda regalis, faisceaux en fer à cheval.

    d. Ceterach officinarum, faisceaux centro-latéraux.

    e. Polypodium vulgare, faisceau annulaire.

    f. Polypodium phégopteris, faisceau semi-lunaire.

    g. Polypodium dryopteris, faisceaux biannulaires parallèles.

    h. Adianthum capillus Veneris, faisceau curviligne.

    i. Cheilanthes odora, faisceaux zonaires.

    j. Hymenophyllum tumbridgense, faisceau central.

Les points indiquent les endroits où ont été trouvées les trachées.

Paris. — Imprimerie A. PARENT, rue Monsieur-le-Prince, 31.

PL. I

Fig 9.
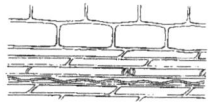

Fig 1.
$\frac{425}{1}$
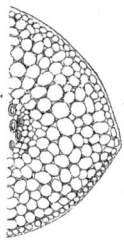

$\frac{650}{1}$ Fig 4.
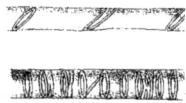

Fig 5.

Ch. Walter dir.

Imp. Hehe. Vindel. Paris.

Fig 6. $\frac{800}{1}$ $\frac{8}{10}$ A
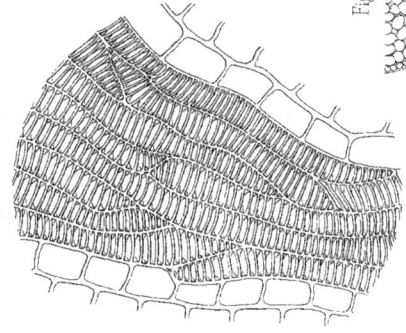

Fig 11
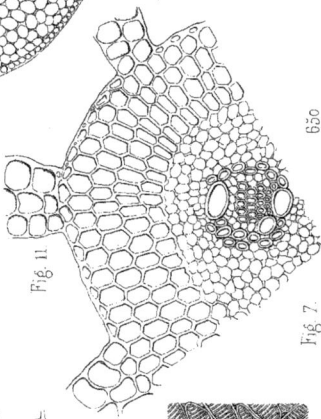

$\frac{650}{1}$

Fig 7.
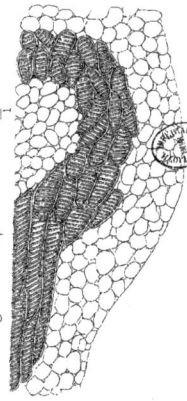

Fig 10
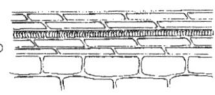

Fig 2.
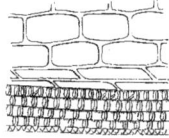

Fig 6. $\frac{650}{1}$
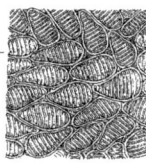

Fig 3.

Isoëtes H. L. Salvinia natans. Marsilea quadrifolia.

H. Frédrineau ad nat del.

Pl. II.

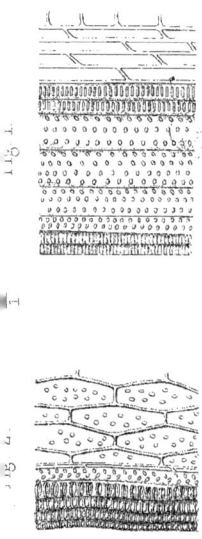

Fig 1.

Fig 2.

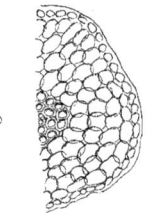

Fig. 3.

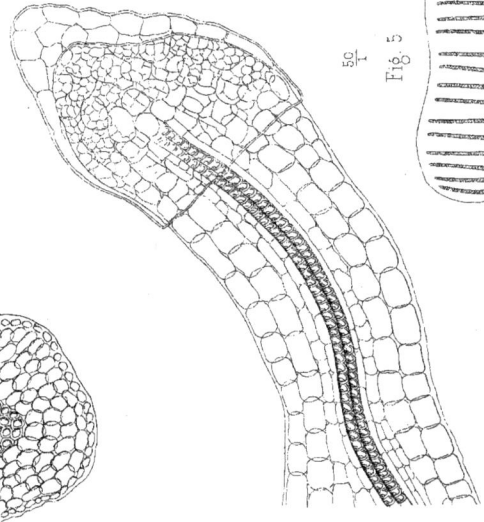

Fig 4.

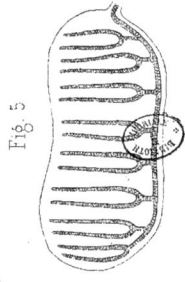

$\frac{50}{1}$

Fig 5.

H. Fremineau ad nat. del.

Ch. Walter lith.

Imp. Becquet-Fonchel Paris

Marsilea & Pilularia. C.

Pl. III.

$\frac{295}{1}$

Fig 4.

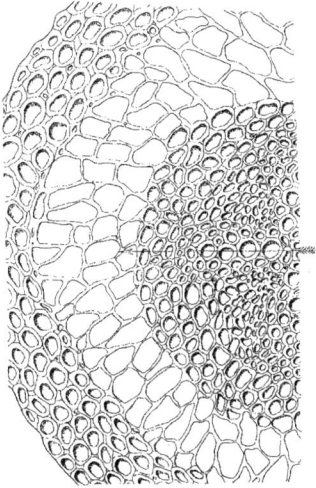

$\frac{630}{1}$

Fig 2.

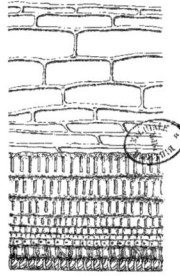

Lycopodium Clavatum.

H. Frémineau. Ad. nat. del.

Ch. Weber lith.

Imp. Bertel Frères. Paris.

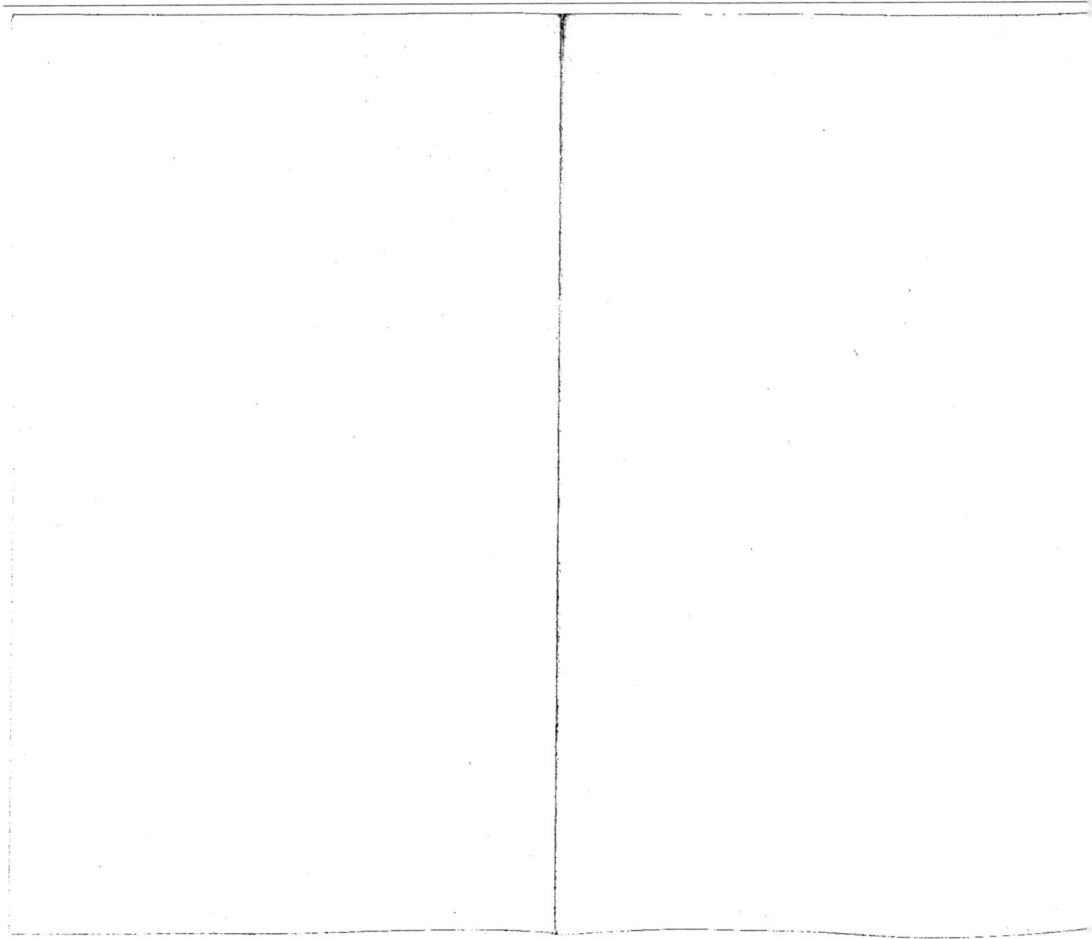

Pl. IV.

$\dfrac{650}{1}$ Fig. 3.

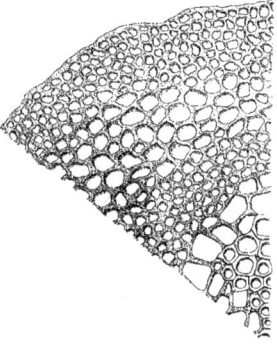

Fig. 4.

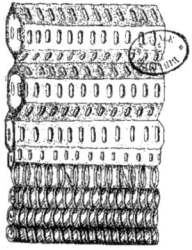

Lycopodium inundatum.

H Fremineau ad nat del

Ch. Weiler lith
imp Hobel Fennel Paris

Pl. V.

Fig 1.

Fig 4.

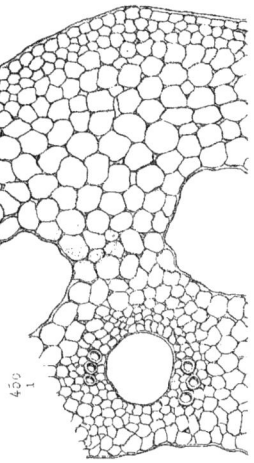

450

Fig 5.

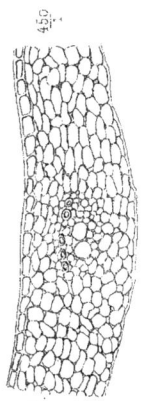

450

Fig 2.

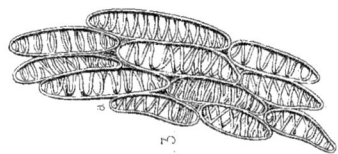

Fig 3.

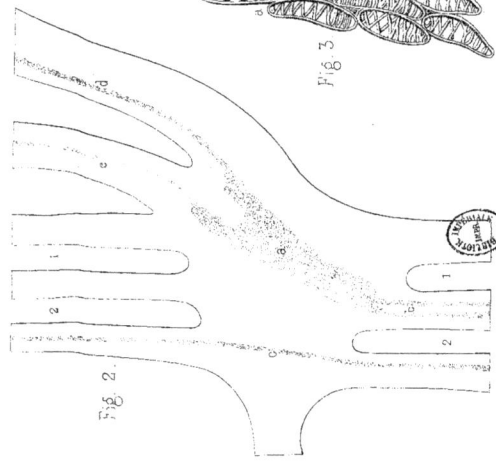

Equisetum palustre Limosum.

H. Fremineau ad nat. del.

Ch. Walter lith.
Imp. Reibel-Peindrel Paris

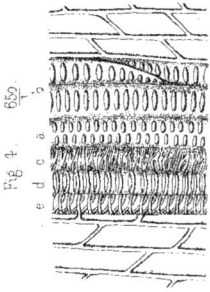

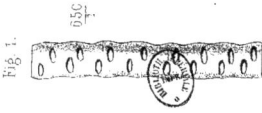

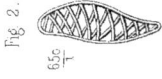

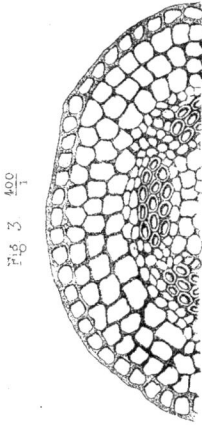

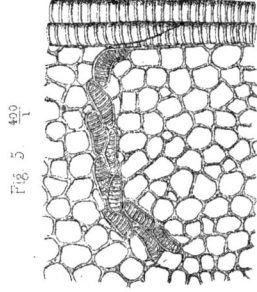

Pl. VI.

Fig 2.

$\frac{65c}{1}$

Fig 4. $\frac{650}{1}$

e d c a b

Fig 3. $\frac{400}{1}$

Fig 5 $\frac{400}{1}$

Fig 1.

$\frac{65c}{1}$

H. Grümmeau ad. nat. del

Botrychium L Ophyoglossum Vulgatum Osmunda reg. Ceterach

Ch. Weber lith.

Imp. Becbel-Berdai Paris

Pl. VII.

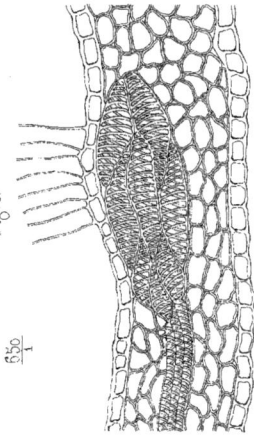

Fig 1.

650/1

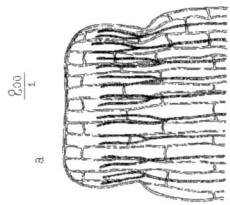

Fig. 2.

800/1

Fig. 3.

650/1

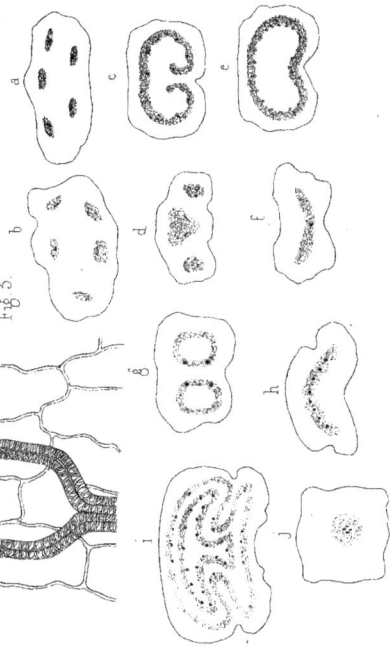

Polypodium Vulgare - Adiantum Capillus veneris

Disposition & forme de faisceaux vasculaires

H. Fournereau Ad nat del.

Ch. Weber lith.

Imp. Reltz Fernezel. Paris.

www.ingramcontent.com/pod-product-compliance
Lightning Source LLC
Chambersburg PA
CBHW071528200326
41519CB00019B/6118